公路工程施工技术与管理

——中交三公局第一工程有限公司交流论文集

赵 斌 主编

人民交通出版社股份有限公司
China Communications Press Co.,Ltd.

内 容 提 要

本书共收录论文34篇，汇聚了中交三公局第一工程有限公司广大工程技术人员、管理人员从事公路工程施工的心得体会，涵盖了施工技术、安全生产、经营管理等方面的内容。

本书可供从事公路工程施工的技术人员、管理人员等参考使用。

图书在版编目(CIP)数据

公路工程施工技术与管理 ：中交三公局第一工程有限公司交流论文集 / 赵斌主编. —— 北京 ：人民交通出版社股份有限公司，2015.8

ISBN 978-7-114-12440-2

Ⅰ. ①公… Ⅱ. ①赵… Ⅲ. ①道路施工—工程技术—文集②道路施工—施工管理—文集 Ⅳ. ①U415.1-53

中国版本图书馆CIP数据核字(2015)第184529号

书　　名：公路工程施工技术与管理——中交三公局第一工程有限公司交流论文集
著 作 者：赵　斌
责任编辑：李　农　张　鑫　李　沛　肖　鹏
出版发行：人民交通出版社股份有限公司
地　　址：(100011)北京市朝阳区安定门外外馆斜街3号
网　　址：http://www.ccpress.com.cn
销售电话：(010)59757973
总 经 销：人民交通出版社股份有限公司发行部
经　　销：各地新华书店
印　　刷：北京市密东印刷有限公司
开　　本：787×1092　1/16
印　　张：11
字　　数：274千
版　　次：2015年8月　第1版
印　　次：2015年8月　第1次印刷
书　　号：ISBN 978-7-114-12440-2
定　　价：50.00元

《公路工程施工技术与管理》
编委会

主　编：赵　斌

副主编：王书涛　崔登云

编　委：陈建平　李晓宾　陈风新　杨　帅
程　锦　张爱民　杨　然　何　韬
王太宁　黎治国　赵常青　李春盛
李鹏华

前　言

技术论文是科技创新成果的具体体现，也是技术人员对施工技术和工程管理经验的科学总结。加强公路工程新技术、新工艺、新材料和新设备的推广应用，能够使广大工程技术人员及时学习和掌握行业内先进的技术知识，实现工程技术的再创新和再实践，进而带动企业提升项目技术管理水平。

本次技术交流工作经编委会审阅共推举34篇论文，分别从施工技术、安全生产、经营管理等不同角度，从实践出发，对如何进一步提升当前公路工程建设管理水平进行了有益的研究和探索，技术含量高、内容翔实、图文并茂，文字表达准确，能够指导公路工程建设的施工与管理。

文以载道、汇则兴邦，衷心希望广大员工做好基础性科技工作，不断开拓创新，取得更多的科研成果，进一步提高技术水平，为企业的发展壮大做出更大的贡献。

董事长兼总经理：

二〇一五年七月

目　录

自行式仰拱栈桥设计及施工技术研究

赵 斌

（中交三公局第一工程有限公司 北京市 100012）

摘 要：结合工程实例，对自行式仰拱栈桥的设计与应用进行了详细介绍，通过全面分析，对自行式仰拱栈桥与传统的钢结构便桥进行了综合比对，提出了推广自行式仰拱栈桥施工的意义。

关键词：自行式仰拱栈桥 仰拱施工 经济比对

隧道施工作业面集中，施工空间较小。由于受空间限制，各道工序间相互影响很大，如仰拱施工与掌子面开挖出渣进料间的干扰，使得隧道施工效率和安全受到很大的影响，特别是单洞长大隧道，干扰问题尤其突出。传统做法为利用型钢焊接简易钢便桥或轨行式栈桥，利用机械进行就位、移动，效率较低。京沈客专三棱山特长隧道采用了自行式仰拱栈桥施工，有效地解决了仰拱施工与掌子面开挖出渣进料之间的干扰问题，加快了施工进度，保证了安全，节省了大量机械台班，取得了良好的社会经济效益。

1 工程概述

京沈客专三棱山隧道位于辽宁省朝阳市、阜新市境内，进口里程 DK493＋415，出口里程 DK502＋303，全长 8 888m。隧道设计为单洞双线隧道，两线线间距 5.00m。隧道地处内蒙古高原和辽河平原的中间过渡带，地貌属辽西剥蚀丘陵区。区段内山体多基岩裸露，植被稀疏，仅黄土覆盖地区有人工林发育。隧道范围内地势总体东北高，西南低，隧道顶部山势雄伟，地形崎岖复杂，多悬崖陡坎。隧道所经山脉海拔高程一般在 280～490m 之间，隧道最大埋深 217.56m。隧道范围穿越地层较复杂，进口为第四系上更新统坡洪积（Q_3^{dl+pl}）粉质黏土夹粗角砾土；洞身范围多为侏罗系上统吐呼噜组（J_{3t}）凝灰岩夹凝灰质砂页岩，其中 DK496＋717～DK496＋867 为凝灰质角砾岩和断层泥，DK498＋529～DK499＋300 为凝灰质角砾岩，DK499＋610～DK501＋475 为白垩系侵入体（$\alpha_5^{2\text{-}3}$）安山岩。出口为第四系上更新统坡洪积（Q_5^{dl+pl}）粉质黏土、细角砾土。山涧沟谷局部分布第四系全新统坡洪积（Q_4^{dl+pl}）堆积层。Ⅱ级围岩采用全断面法施工，Ⅲ级、Ⅳ级围岩采用台阶法施工，Ⅴ级围岩深埋段采用三台阶法施工，Ⅴ级围岩浅埋、偏压、断层破碎带段采用三台阶临时横撑法施工，其中Ⅲ、Ⅳ级围岩占大部分。

2 自行式栈桥的设计

（1）为了克服简易钢便桥和传统轨行式栈桥移动不便的缺点，自行式栈桥考虑利用已浇筑的仰拱填充混凝土作为行走基础及支撑基础，利用混凝土早期强度为栈桥自重及通行载荷提供支撑。

(2)据中国台湾"建国科技大学"《混凝土设计龄期前受力对强度成长损伤之研究》所述,"当荷载应力小于龄期强度 0.3 倍时,在短期荷载下,混凝土中浆体与骨料间的过渡区微裂缝不受扰动",当底板混凝土强度达到 5MPa(脱模强度)时,控制自动栈桥自重及栈桥传递车辆自重产生的传递到混凝土上的载荷应力小于1.5MPa时就不会对混凝土设计强度造成影响。考虑到浇筑混凝土并不完全平整,有受力不均现象,再考虑 3 倍安全系数,拟定混凝土承重压强 0.5MPa。

(3)为达到该技术指标,栈桥设计了设置有万向铰的柔性底座和具有高弹性胶垫的自动走行轨道,以适应不完全平整的混凝土,控制接地压强为 0.45MPa。通过现场试验也证明了在隧道内混凝土养护 12h 后架设自动栈桥并从桥上通行总质量 50t 以下的车辆未对混凝土终凝强度造成影响,达到了设计要求。

①柔性底座

底座与栈桥采用万向铰连接,栈桥重量与通过荷载均匀传递到 8 个底座上;每块底座再将荷载通过 30 个高弹性橡胶垫及 15 个垫板传递到混凝土上,这样即使浇筑混凝土不够平整也能保证受力均匀(图 1)。

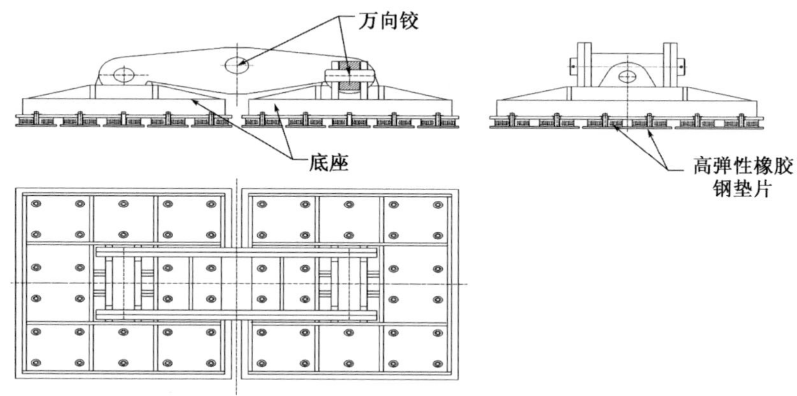

图 1　柔性底座

②轨道

轨道通过承重轮、勾轮与行走架相连,轨道上设有驱动装置,驱动装置通过连接在行走架上的牵引链条带动栈桥移动。

通过每条轨道设有的 66 个高弹性橡胶垫及垫板将栈桥重量传递到混凝土上,以保证混凝土受力均匀(图 2)。

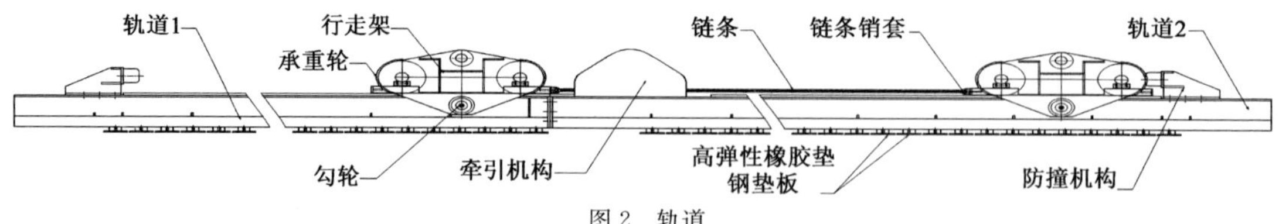

图 2　轨道

(4)栈桥采用了液压控制,具备上、下、左、右调整功能,行走采用具有自动铺轨装置的行走机构,整个栈桥无须人工铺轨,在过弯道时可调整过弯,方便快捷,1 人即可操控。自动化程度及安全性得到了极大提高。

栈桥移动如图 3、图 4 所示。

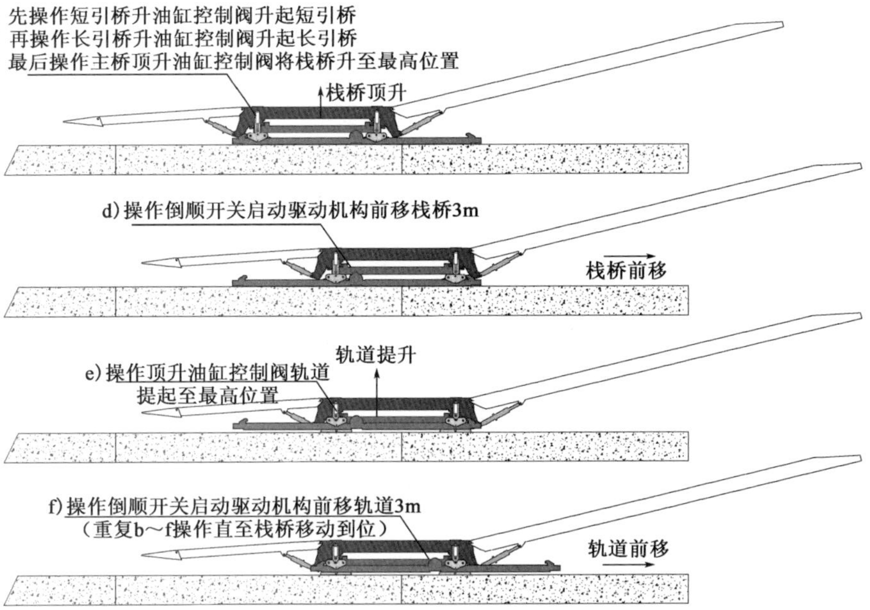

a) 先操作短引桥升油缸控制阀升起短引桥
b) 再操作长引桥升油缸控制阀升起长引桥
c) 最后操作主桥顶升油缸控制阀将栈桥升至最高位置
栈桥顶升
d) 操作倒顺开关启动驱动机构前移栈桥3m
栈桥前移
轨道提升
e) 操作顶升油缸控制阀轨道
提起至最高位置
f) 操作倒顺开关启动驱动机构前移轨道3m
（重复b～f操作直至栈桥移动到位）
轨道前移

图 3　栈桥移动(一)

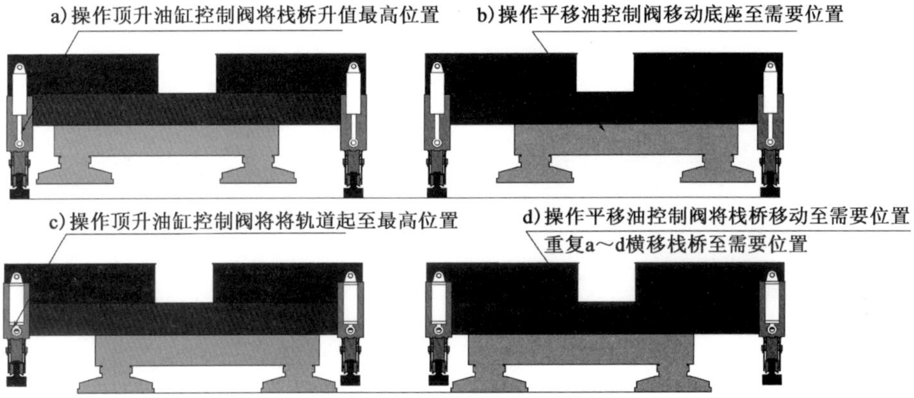

a) 操作顶升油缸控制阀将栈桥升值最高位置
b) 操作平移油控制阀移动底座至需要位置
c) 操作顶升油缸控制阀将将轨道起至最高位置
d) 操作平移油控制阀将栈桥移动至需要位置
重复a～d横移栈桥至需要位置

图 4　栈桥移动(二)

(5)自动栈桥自重:39t,限制过车质量:小于 60t。全长约 29m,分为搭接区 1.65m,前过渡区 3.2m、施工区 15.2m、养护区 12.28m,如图 5 所示。

1 2 3 4 5 6 7 8 9 10 11 12 13 14
1 250
仰拱施工-回填施工
650
12 280
1 200
3 200
1 650
15 16 17
750
栈桥外宽：4000
过车道宽：3 250
29 100

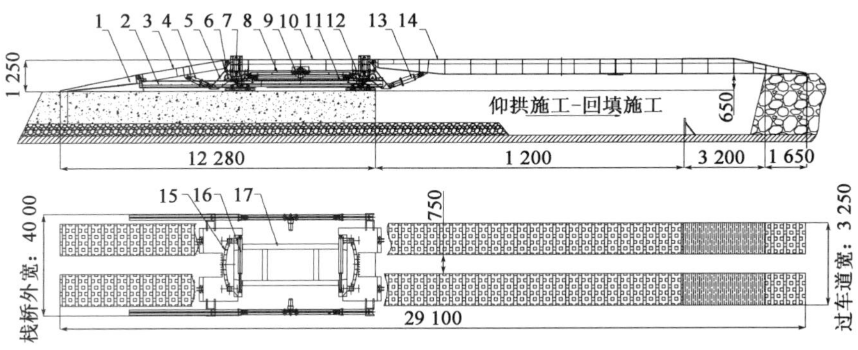

图 5　栈桥结构示意图(尺寸单位:mm)

1-过渡引桥;2-轨道;3-短引桥;4-短引桥举升油缸;5-牛腿梁;6-行走机构;7-主桥举升油缸;8-驱动架;9-驱动机构;10-主桥;11-牵引链条;12-底座;13-长引桥举升油缸;14-长引桥;15-滑座梁;16-平移油缸;17-底架

(6)根据设计施工工序时间,安排每施工一循环计划用时 65h。当混凝土出养护区时应该养护 65+12(养护)=77h 以上,混凝土强度应在终凝强度的 40%以上。根据现场经验,此时在混凝土上通行车辆不会对混凝土终凝强度有不利影响。

栈桥施工如图 6 所示。

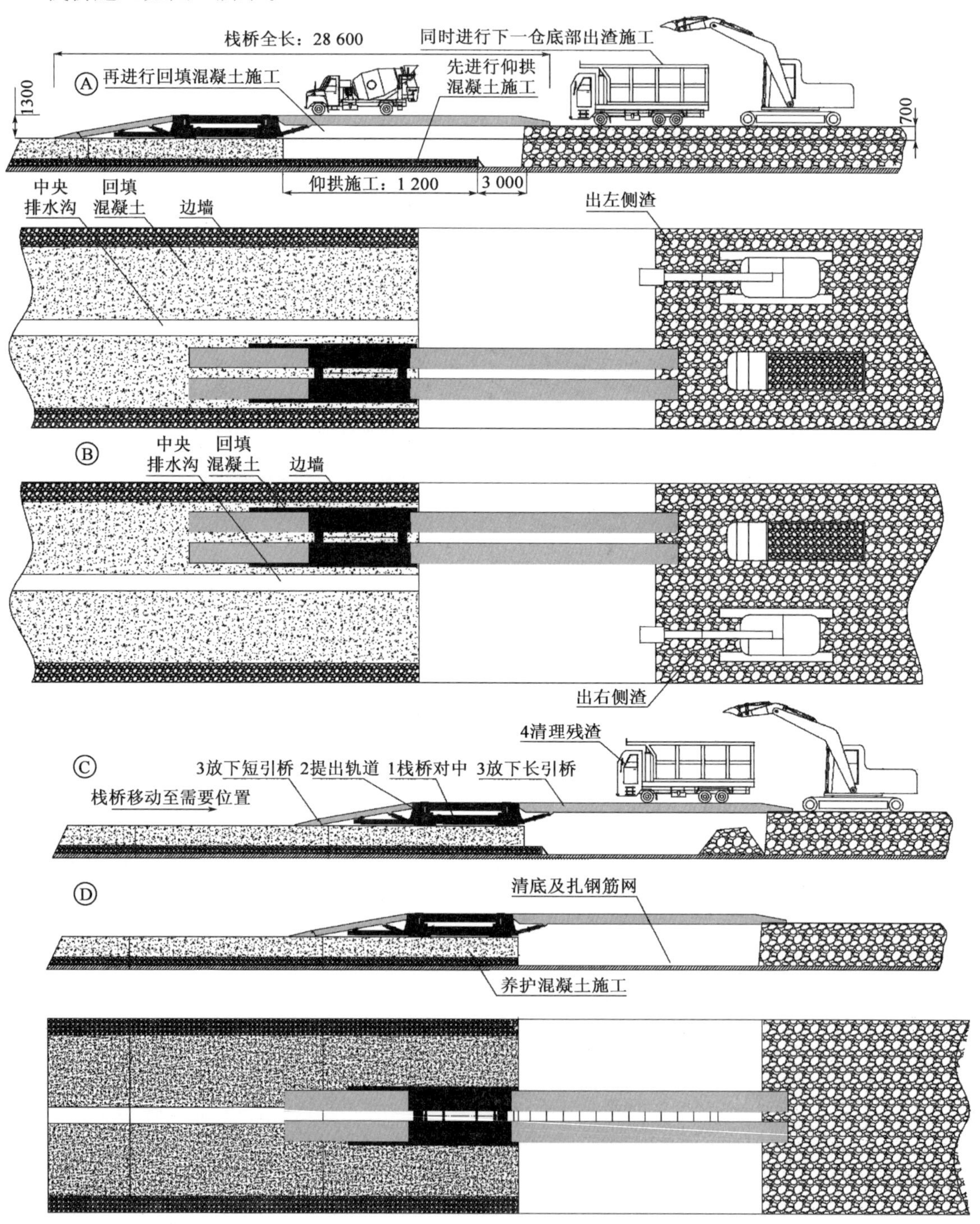

图 6 栈桥施工示意图(尺寸单位:mm)

3 自行式仰拱栈桥施工工艺及操作要点

3.1 仰拱栈桥施工工艺流程(图7)

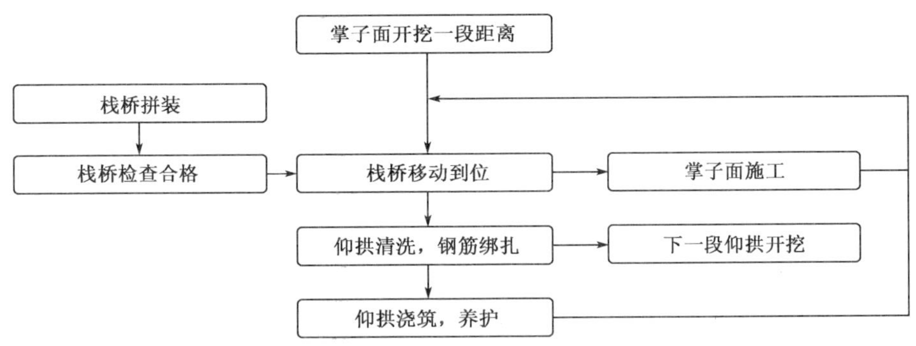

图7 仰拱栈桥施工工艺流程

3.2 施工工序具体安排

(1)栈桥安装:隧道开挖到一定长度后可安排进行仰拱施工,先在隧道外进行栈桥安装。因栈桥采用模块化的设计,安装方便,现场安装时需4人配合一台吊车48h即完成构件拼装,并将栈桥开到隧道内。

(2)仰拱开挖及清底:爆破完成(不需爆破的直接挖)后用挖掘机进行仰拱开挖。每次开挖的长度根据设计要求进行,Ⅳ级围岩采用3m,配合6人进行仔细清底,需4h。

(3)绑扎仰拱钢筋及安装模板:需6人,10h。

(4)浇筑混凝土:需6人,2h。

(5)养护:1人需12h。

(6)移动就位:需2人,0.5h。

工人在施工区(长引桥下)进行清底、绑扎钢筋,此时车辆通过引桥通行。工人有足够空间进行施工,可大大提高工作效率,上述工序均在配合隧道开挖施工情况下进行。每浇筑12m长仰拱进行一次栈桥移动,共需约65h,每月可施工约130m,而隧道每月开挖约100m。仰拱施工进度不但可跟上隧道开挖进度,还有富余。

采用台阶法开挖时,台阶的开挖一般可以按照左右两幅分别进行,栈桥须在隧洞内进行侧向移动,这样可以实现栈桥施工紧跟台阶开挖。

4 简易仰拱栈桥与自行式仰拱栈桥成本分析

4.1 简易仰拱栈桥结构

隧道仰拱及仰拱填充混凝土分开浇筑。为不干扰和影响掌子面的开挖和支护作业,采用仰拱栈桥辅助施工作业。根据每循环仰拱及仰拱填充混凝土浇筑长度不同,选用不同长度的栈桥。一般情况下,长度以12m为宜,配置1组(2片),每循环施工9m。栈桥采用32a工字钢制作,必须保证足够的刚度和稳定性。栈桥制作材料及尺寸如图8所示。

4.2 简易栈桥施工成本分析(表1)

两片为1组,总质量:7 128kg,每次施工长度:9m。

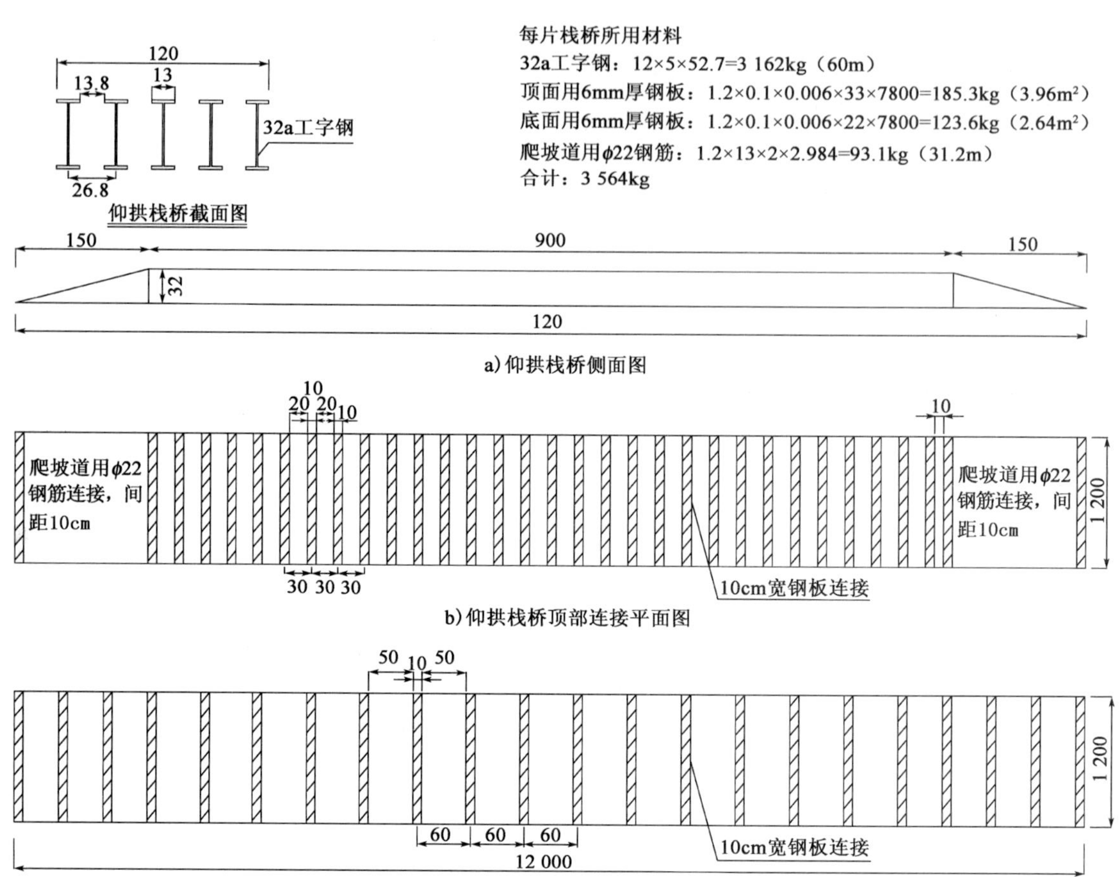

图8　简易仰拱栈桥示意图(尺寸单位:cm)

简易栈桥施工成本分析表　　　表1

项目	简易栈桥(9m)自重7.2t,限过50t					
	时间(h)	人员	机械	人工费(元)(单价18元/h)	机械费(元)(单价190元/h)	机械油费、材料费(元)(单价10L/h、8元/L)
安放	0.5	2人	挖掘机1台	18	95	40
浇混凝土	6	6	挖掘机1台	648	1 140	480
止水带						250
浪费混凝土	采用挖机倾倒两侧仰拱边墙混凝土会产生浪费混凝土现象,每循环约浪费混凝土1m³					250
小计				666	1 235	1 020
合计费用	合计:2 921元 324.55元/m					

注:1.采用两种栈桥施工时,浇筑混凝土时需要的人工相同,为比较方便均不作统计。

2.简易栈桥安放因基础松软,栈桥跑位导致的车辆颠覆等安全事故产生的经济损失未计。

现场制作成本约为:6 万元;隧道施工完毕即报废,残值约 1.5 万元。

现场施工时,安放栈桥需挖机 1 台,2 名人员配合安放,耗时约 30min。

浇筑混凝土时需挖机 1 台配合浇筑仰拱,耗时约 120min。

4.3 自行式仰拱栈桥施工成本分析(表 2)

自行式仰拱栈桥售价:49 万元/台;

栈桥施工时每循环施工长度:12m;

栈桥 1 人即可操作,耗时 30min;

设计使用寿命 10 年,每次施工更换配件费约 1.5 万,残值约 8 万元。

自行式仰拱栈桥施工成本分析表 表 2

项目	自动栈桥(12m),自重 40t,限过 60t					
	时间(h)	人员	机械	人工费(元)(18 元/h)	机械费(元)(190 元/h)	电费(1 度/次,1 元/度)
安放	0.5	1 人	无	9	0	1
浇混凝土	8	6	无	864	0	8
止水带						250
浪费混凝土	采用栈桥分别移动到两侧边墙处,采用罐车直接放料,无混凝土浪费现象					0
小计				873	0	259
合计费用	合计:1 132 元 94.33 元/m					

注:1. 采用两种栈桥施工时,浇筑混凝土时需要的人工相同,为比较方便均不作统计。

2. 自行式仰拱栈桥自重大,稳定性好,不会有因基础松软,栈桥跑位导致的车辆颠覆等安全事故。

3. 自行式仰拱无须机械配合进行施工,不会产生因等挖掘机造成的误工现象。

4. 自动栈桥容许下台阶高于填充层 2m 的情况下通车,开挖方式更灵活。

4.4 综合使用成本比较(按每次施工隧道长 1 500m 计算,见表 3)

综合使用成本比较表 表 3

项目(元)	简易栈桥	备注	自行式仰拱栈桥	备 注
采购成本(元)	60 000		141 250	栈桥寿命期内用于 4 条隧道施工,更换 3 次配件共:45 000 元;3 次转场费用:30 000 元,加采购成本 490 000 元,计:565 000 元;每次折算采购成本 565 000/4=141 250 元
施工成本(元)	324.55×1 500 =486 825		94.33×1 500 =142 995	
维付费用(元)	0		20 000	液压油,密封圈,轴承等
减残值(元)	−15 000		−20 000	总残值 80 000 元分摊 4 次,每次 20 000 元
合计	531 825 元		284 245 元	

综上所述：自行式仰拱栈桥与简易栈桥相比具有如下优点：

(1)虽然一次性采购费用高但综合使用成本大幅降低；

(2)每循环施工12m，下台阶开挖更灵活，有利于缩短工程工期；

(3)安全性高；

(4)提升隧道施工的机械化水平。

5 结论

(1)通过该栈桥在隧道施工中的应用，掌子面所需要的工装料具可以从栈桥上部通过，减少了开挖施工和仰拱施工之间的干扰；同时，栈桥跨度大，为仰拱施工提供了流水作业工作面；栈桥本身安装方便快捷，行走较为灵活，机械化水平较高，这些都有利于加快隧道施工速度，特别是在隧道较长，工期较紧张的情况下，对于保证进度的作用更加明显。

(2)自行式仰拱栈桥与传统栈桥相比，虽然采购价格高，但施工速度快，操作人员少，无须机械配合，综合成本仅为传统栈桥的25%。

(3)传统栈桥每月可衬砌100m底板，自动栈桥每月可衬砌150m底板，施工进度上具有巨大的优势。

6 结语

采用自行式栈桥进行隧道仰拱施工，能有效解决隧道施工中开挖、仰拱施工、边顶拱二次衬砌施工各工序之间施工干扰的问题，使隧道施工协调有序进行，充分体现了栈桥法施工工艺优点，大为缩短隧道施工建设工期，因此，该施工工法在隧道施工中具有推广意义。

参考文献

[1] 陈明源，陈建忠，陈伟清.混凝土设计龄期前受力对强度成长损伤之研究[J].中国台湾“建国科技大学”学报，23(2).

[2] 胡小弟，孙立军.重型货车轮胎接地压力分布实测[J].同济大学学报(自然科技版)，2005，32(11).

大跨径连续梁桥施工监控技术研究

王书涛

（中交三公局第一工程有限公司　北京市　100012）

摘　要：介绍了大跨度桥梁监控技术、原理和方法，对各种监控方法的优缺点进行了比较，提出了大跨径连续梁桥施工监控技术的发展方向。对于以后桥梁施工线形控制以及误差估计和参数调整理论的研究有一定的参考意义。

关键词：连续梁　刚构　监控技术　理论

1　前言[1-3]

随着我国桥梁技术的发展，大跨连续梁和连续刚构以其线形美观、跨越能力强、顺桥向抗弯刚度大、横桥向抗扭刚度大、造价低等优点，被广泛地应用在大跨径桥梁建设中。大跨度连续梁和连续刚构一般采用挂篮悬臂现浇对称施工法，它的基本施工步骤是：当桥梁墩柱结构施工完成后，在主墩顶部浇筑0号块(有时也包括1号块)；在0号块上拼装挂篮；浇筑1号块段、张拉、压浆；挂篮前移，立模悬臂浇筑下一梁段、分节段张拉预应力钢索、压浆，依次类推完成其他悬臂浇筑块段；挂篮拆除，浇筑合龙段。合龙段长度一般是2m，合龙顺序是先合龙边跨合龙段，再合龙次边跨合龙段，最后合龙中跨合龙段。

由于受结构设计参数的误差、施工误差、测量误差等的影响，以及施工工艺的复杂性，其成桥目标与设计目标常有较大的出入，因此，必须对大跨径连续梁和连续刚构桥施工进行监控。通过对施工各状态控制数据实测值与理论值进行误差分析、对计算参数进行识别与调整、对成桥状态进行预测及控制分析，以保证结构建成时达到设计所希望的几何状态及合理的内力状态，并保证施工过程中的结构安全。

2　施工监控的内容

大跨预应力连续梁桥施工主要监控项目有：线形控制、应力控制、温度监测，其主要工作内容包括阶段施工前的预测计算、阶段施工过程中的控制测量、实测结果与计算预测结果的偏差分析及优化分析三个方面的内容。

2.1　线形控制

由于连续梁桥和连续刚构桥采用悬臂施工法，每个施工节段的高程，即每个节点坐标位置的变化与偏离，都会造成合龙困难，影响最终成桥线形。为保证桥梁线形符合设计要求，必须在主梁施工过程中进行线形控制。建模时以当前实测数据与理论预拱度值的比值作为原始数据列来预测下个节段的施工预拱度调整比例，提供下个节段梁段的优化后立模高程，以确保成桥线形与设计相吻合,并通过对线形的控制实现对应力的控制。

2.2 应力控制

应力监测可直接反映桥梁在各种施工状态下的应力水平,是保证结构安全的重要预警措施。在混凝土应力监测中,目前采用钢弦式应变计。但由于各种因素的影响,实测应力值不可能与理论分析值完全一致,两者之间存在着误差。对误差进行合理分析和及时处理,是现场应力监控工作的重要环节。

2.3 温度监测

在大跨连续梁桥和连续刚构桥施工过程中,环境温度的大小和日照温差会影响到结构体系的内力分布,而结构的温度变形还影响到施工中构件的测量精度。温差影响包括季节温差(或年温差)和日照温差,前者使箱梁发生整体的均匀温度变化,一般只对超静定结构起作用而产生附加温度应力;后者由于温度骤然升降,截面各部位温度变化剧烈,形成较大的温度梯度,各纤维层相互约束共同变形,从而在截面上产生温差应力。

在悬臂施工中,桥梁结构是静定结构,理论上温度不会产生应力,而实际测量时有虚应变。为了减小温度的影响,应在温度变化小的早晨测量,但这仍然不能消去温度对测量结果的影响。研究表明,主梁在早晨7点处于最高状态,下午5点处于最低状态,其最大高差40mm;下午5点后,主梁高程逐渐回升,0点与早晨7点最大高差为21mm[3]。所以,根据温度时间进行线形、高程测量,对其精度影响至关重要。

3 监控原理和方法

对于大跨连续梁桥和连续刚构桥来说,由于先前悬浇的块段具有不可调整性,连续梁桥的结构形式和悬臂浇筑施工特点决定了只能通过对待浇梁段进行状态预测加以调整,梁段一旦浇筑完成,对主梁的挠度不可能再进行任何有效的调整,因此不能像斜拉桥和悬索桥那样可以在全桥浇筑完成后通过调整索力来调整各梁段的高程。

目前大跨连续梁桥和连续刚构桥常用的参数识别和误差调整方面主要采用的方法有:灰色系统理论、卡尔曼(Kalman)滤波法、人工神经网络法、最优施工控制的理论和方法。采用的测试手段主要是用预埋钢弦应变计测定主梁的控制应力,用激光水准仪或电子速测仪等光学仪器测定主梁变形,用热电偶或半导体测量结构温度等。

3.1 灰色系统理论

灰色系统理论于20世纪80年代由我国邓聚龙教授提出,它建立在灰模型与灰因果等原理之上,使数据不断采集、模型不断建立、模型参数不断更新,用模型更新来适应环境变化,以达到所需的控制精度[4]。

灰色系统模型的主要模型为GM(1,N)。GM(1,N)表示1阶、N变量的微分议程模型。GM(1,N)模型适合于各变量动态关联分析,适合于为高阶系统建模提供基础,但不适合预测用,所以适合预测的模型只能是单变量模型即GM(1,1)[5]。采用等维灰数递补数据处理技术建立等维灰数递补GM(1,1)模型对灰色GM(1,1)模型进行改进,采用预拱度计算值与对应的有预拱度实测值的差值为处理数据,建立灰色模型。

利用灰色理论建立的模型:

$$\frac{\mathrm{d}x^{(0)}(t)}{\mathrm{d}t}+ax^{(1)}(t)=b$$

式中：a——发展系数；

b——灰作用量。

这就是最常用的GM(1,1)的白化型。通过建立残差GM(1,1)模型，可以对模型预测值进行修正补充，将能更准确地反映动态情况。

GM(1,1)模型用于桥梁施工控制中，能够预测出满足实际工程精度要求的各节段预拱度值及应力值。灰色系统理论建立微分模型，具有较高的精度，且对系统行为的控制无须研究引起系统行为变化的原因，不必滤波，因此与其他控制预测方法相比较为简单[6]。

3.2 卡尔曼滤波法

卡尔曼滤波法是美国学者R. E. Kalman于1960年首先提出的，他将状态空间的概念引入到随机估计理论中，把信号过程视为在白噪声作用下一个线性系统的输出，这种输入输出关系用状态方程来描述，这样描述的信号过程不但可以是平稳的标量随机过程，而且可以是非平稳的向量随机过程[7]。

卡尔曼滤波的实质是从被噪声(如施工误差)污染的信号中提取真实的信号，估计出系统的真实状态，然后用估计出的状态变量，按确定性的控制规律对系统进行控制。对于悬臂浇筑施工的大跨度连续刚构桥，将左右两臂的预拱度作为状态变量，对于已施工阶段$k-1$及待施工阶段k，有状态方程：

$$X(k)=\Phi(k,k-1)X(k-1)+W(k-1)$$

式中：$\Phi(k,k-1)$——第k阶段悬臂端预拱度计算值与第$k-1$阶段预拱度计算值之比，即$\Phi(k,k-1)=X(k)/X(k-1)$。

由于预拱度可以直接观测。因此，有观测方程：$Y(k)=X(k)+V(k)$

3.3 人工神经网络预测法

人工神经网络预测系统是利用多层前馈性网络的前向计算和误差的反向传播的功能，通过试探和调整连接权值使该网络成为输入输出非线性关系的最佳逼近。在此基础上，来对桥梁施工状态进行预测。现在应用较多的是BP神经网络和改进BP神经网络预测法，在一些大跨径桥梁上取得了较好的效果。

BP神经网络是一种单向传播的多层前向网络，网络除输入输出节点外，还有一层或多层的隐层节点，同层节点中没有任何耦合。它的基本构成包括输入层、隐含层和输出层，同层单元之间不相连。BP网络输入信号从输入层节点一次传过会影响下一层节点的输出，可看作是一个从输入到输出的高度非线性映射，即$F:R_n\rightarrow R_m$，$f(X)=Y$。对于样本集合：输入$x_i(\in R_n)$和输出$y_i(\in R_m)$，可认为存在某一映射g使$g(x_i)=y_i$，$i=1,2,3\cdots n$。

3.4 最优施工控制理论

以概率论为基础的最优随机控制，该方法曾被引入到斜拉桥的施工控制中作为调整安装阶段的索力和悬臂挠度的手段，也被用于进行参数识别。

原上海城建学院的李国平教授提出了大跨连续梁桥线形最优施工控制的理论和方法，该方法将大跨径连续梁桥成桥线形和施工期结构变位状态，作为离散、线性、确定性动态结构系统最优控制的对象，并根据大跨径连续梁桥悬臂施工的特点，来控制状态变量、目标函数、约束条件以及具体实施方法等，其成果在富春江大桥和上海吴淞大桥的施工中得到应用。

4 各种监控技术的比较

以上各种方法基本上都能满足大跨预应力桥梁的施工监控需要，有些技术现在又发展出现了综合监控技术，如灰—神经网络预测系统、滤波后的灰色理论等，均取得了不错的预测控制效果。

卡尔曼滤波法的预测结果的误差大于灰色理论的预测结果的误差，但卡尔曼滤波法的滤波误差却很小，因此可以考虑由卡尔曼滤波法滤除测量数据的噪声污染，使测量数据的结果更接近于真值，然后用灰色理论来预测。

人工神经网络预测法系统具有很强的抗干扰能力和自组织、自学习以及容错性等优点，但缺点是学习时间过长，甚至难以收敛于全局极小点。该系统不仅可以用于桥梁施工控制中的误差调整和预测，而且可以用它进行参数估计。实践表明，该方法的精度比较高。在人工神经网络的实际应用中，绝大部分的神经网络模型是采用 BP 神经网络模型及其变化形式。

神经网络方法对大跨径桥梁的主梁混凝土弹性模量 E_h、重度 γ_h 进行实时识别并对主梁施工桥面高程进行预测，其预测结果与事后发生的偏差量较接近。

5 结语

桥梁施工监控不仅是桥梁施工技术的重要组成部分，也是确保桥梁施工宏观质量控制的关键及桥梁建设的安全保证，它在施工过程中起着安全预警、施工指导以及及时为设计提供依据的作用。任何体系的桥梁在每一个施工阶段的内力和变形都是可以预计的，因此当施工中发现监测的实际值和预计值相差过大时，应立即进行检查和分析，找出原因并排除问题后方可继续施工，以避免出现事故，造成不必要的损失。

大跨径连续梁桥的施工能否实现设计师的初衷，不仅关系到桥梁结构的成桥质量，也事关成桥后结构能否满足安全运营的要求。为保证大跨径桥梁施工的安全性、稳定性，为今后同类结构体系桥梁的设计、施工提供进一步优化、改进的数据依据，开展大跨径桥梁施工监控研究有着重要的意义。

参考文献

[1] 向中富. 桥梁施工控制技术[M]. 北京：人民交通出版社，2000.

[2] 苏武. 预应力混凝土连续刚构桥施工中的结构分析和线形控制[D]. 西安：西安建筑科技大学，2005.

[3] 刘防震. 苏通大桥主跨 268m 连续刚构施工监控[J]. 公路，2008，12.

[4] 刘思峰，郭天榜，方志耕. 灰色系统理论及其应用[M]. 北京：科学出版社，2005.

[5] 徐君兰. 大跨度桥梁施工控制[M]. 北京：人民交通出版社，2000.

[6] 卢哲安，于清亮，汪娟娟. 灰色理论在连续梁桥施工控制中的应用[J]. 武汉理工大学学报，2006.

[7] 马增琦. 卡尔曼滤波法在大跨度预应力混凝土连续刚构桥施工监控中的应用[D]. 成都：西南交通大学，2005.

路基工程岩溶注浆施工技术研究

李童奋　莘水英

（中交三公局第一工程有限公司　北京市　100012）

摘　要:结合杭新景项目工程实例,从岩溶注浆施工工艺、注浆效果验证等方面对注浆施工在岩溶地区路基加固工程中的应用进行介绍,根据不同的地质条件,采取正确的注浆施工方法、参数,减小地基沉降,提高地基承载力,使地基各项指标满足规范要求,确保工程的施工进度和质量要求。

关键词:岩溶地区　注浆　路基加固　地基沉降

1　工程概况

杭新景高速公路建德寿昌至开化白沙关(浙赣界)段第20标段路基(K249+320～K249+630),岩溶路基段位于龙山溪冲积平原,地势平缓开阔,浅部为冲洪积砂、砂、砾卵石等,夹漂石,厚度3～5m;其下有含黏性土碎石、含碎石粉质黏土等。下伏灰岩、泥质灰岩石,场地灰岩中溶洞、溶蚀沟槽、节理发育。前期地质详勘报告中,该段路基10个钻孔,6孔遇溶洞,遇洞率60%,岩溶率1.5%～46.3%,钻孔中溶洞总高度0.2～9.7m,埋深11.0～29m,溶洞发育高程161～189m。该段岩溶发育强烈,对路基影响严重。

2　本项目岩溶注浆施工工艺

注浆施工工艺流程如图1所示。

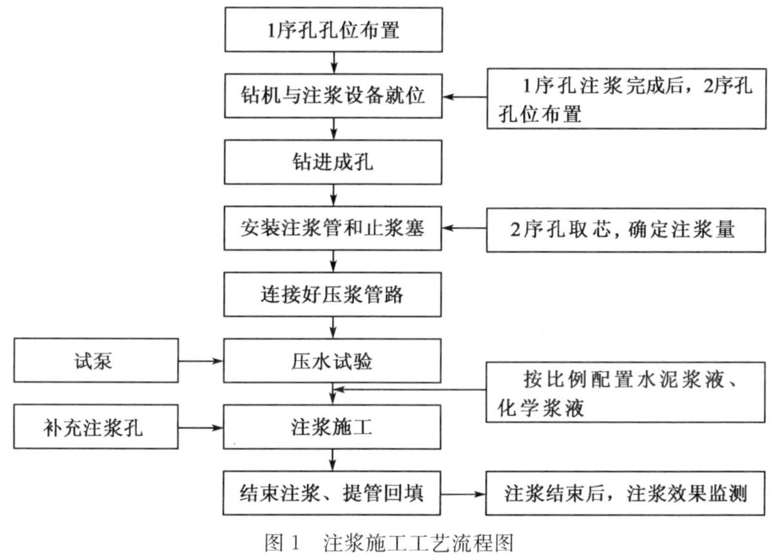

图1　注浆施工工艺流程图

2.1 孔位布置

(1)根据设计要求由测量队准确放出注浆孔位置,并测量、记录对应的孔口地面高程。

(2)注浆按“探灌结合”的原则二序施工。1 序孔为先导探灌孔,间距 10m,呈梅花形布置,2 序孔在 1 序孔布置基础上内插,也呈梅花形布置,间距 10m。

(3)根据 1 序孔施工中显示的地质情况和施工情况对施工工艺及参数进行调整。若施工 2 序孔时发现漏浆严重(单位时间内注浆量超过正常值 1 倍以上)的岩溶异常区域,应对钻孔进行加密,追加适当的补充注浆孔。设 3%~5%的注浆验证孔,验证孔主要布置在岩溶发育等薄弱部位。

(4)斜孔注浆的倾角为 5°,向路基中心线倾斜。

2.2 钻机与注浆设备就位

注浆孔位标定后,移动钻机至钻孔位置。钻机就位后,用倾斜尺、水平尺等工具调整钻机角度,使得钻机呈垂直,安装牢固,定位稳妥。

2.3 钻进

钻机安装必须使立轴中心、孔口管中心、孔位中心三心一致,方位与设计一致。钻进使用长粗径,孔深时宜使用带导器的粗径。钻孔如图示 2 所示,成孔后安装打孔 PVC 管如图 3 所示。

图 2 钻孔

图 3 成孔后安装打孔 PVC 管

成孔采取全孔取芯的地质钻探方法。开孔孔径不小于 110mm,终孔孔径不小于 91mm。地表有覆土时,为防止孔口坍塌或缩孔,必要时下孔口管或采用跟管钻进。钻孔过程中填写钻探记录,记录反映该孔在钻进过程中有无翻、漏水及土层分界,并对岩芯按回次顺序摆放整齐,根据岩芯确定是否与设计相符,同时注意保护岩芯至注浆完成。

当孔斜超出规定要求时,应结合该部位注浆资料和质量检查情况进行全面分析、当确定对注浆质量确存影响时,应采取补救措施。

钻孔遇坍塌掉块、空洞裂隙、漏失地层难以钻进时,确定部位,查清原因,可先进行注浆处理，而后进行钻进，也可采用自上而下的注浆成孔方式。

不管是成孔之后等待灌浆，还是灌浆结束等待成孔，孔口均应封堵加盖，妥善保护。

在一个整段落的1序孔钻探、注浆完成后，进行2序孔钻孔、注浆。

2.4 注浆施工

2.4.1 试泵

开泵前先将三通转芯阀调到回浆位置，待泵吸水正常时，将三通回浆口慢慢调小，泵压徐徐上升，当泵压达到预定注浆压力时，持续2～3min不出故障，即可结束。

2.4.2 安装注浆管和止浆塞

钻孔完毕，清孔检查，在确认没有坍孔和探头石的情况下，下注浆管，否则采用钻机扫孔。确定注浆管内没有阻塞物后，安装注浆管，为减少拔管时的阻力，在注浆管上可上覆防水板。用粘有CS胶泥的麻丝绳绕成不小于钻孔直径的纺锤形柱塞，把管子插入孔内，然后在麻丝与孔口空余部分，填充CS塑胶泥，使注浆管和止浆塞固定。注浆管外露长度保持在30～40cm，以便连接孔口阀门和管路。注浆管安放好后，在注浆管管口加上孔口盖，以防止杂物进入。注浆管如图4所示。

图4 注浆管

2.4.3 压水试验

注浆前后，同时采用压水试验进行注浆效果检查。根据质量检验结果，结合施工过程资料，对注浆效果作出评价。压水试验钻孔检测完成后仍要进行注浆。

注浆前压水试验和注浆后压水试验应进行对比，压水试验孔不少于3%，且每个工点压水试验孔不少于2孔。注浆后吸水量小于注浆前吸水量的3%～5%，或注浆后岩土体单位吸水量w满足“路基岩土体注浆质量检测标准”表中要求视为合格。不合格时应补注浆。

2.4.4 浆液配制

注浆孔遇到空洞时，采用中粗砂材料等回填至溶洞充填满后才能进行注浆。进场注浆材料必须符合要求，注浆用水应是可饮用的河水、井水或其他清洁水。水泥采用普通硅酸盐水泥，水泥为PO42.5；若地下水具溶出型弱侵蚀性，应采用P.S32.5级及以上矿渣硅酸盐水泥或P.F32.5级及以上粉煤灰硅酸盐水泥，并符合相关施工规范要求。若遇空的岩溶通道、较大溶洞和裂隙处，视具体情况先灌注中粗砂或稀的水泥砂浆对溶蚀腔体进行充填，再采用水泥浆液或双液注浆，全充填溶洞一般采用单液注浆。水泥应保持新鲜，一般不应超过出厂日期3个月，受潮结块水泥不得使用，水泥的各项指标由试验室现场抽样检验。施工用水泥浆液水灰比1∶0.9。岩溶钻孔注浆整治施工中，如有异常时及时上报，并准备其他合理的岩溶地基处理相关参数和施工工艺，如下：

施工中采用的水玻璃波美度为38～43°Be，模数2.4～3.0。

(1)纯水泥浆。水灰比 1∶0.9 的纯水泥浆用于全填充岩溶及岩溶孔土层部分注浆。

(2)水泥砂浆。水∶水泥∶砂=0.6∶1.0∶1.0,用于无填充物的大溶洞。

(3)水泥水玻璃浆。连续灌浆 15t 仍不见灌浆压力上升或吸浆量下降及地表冒浆等情况,采用提高浆液浓度或双液压浆措施。双液压浆时采用水泥浆与水玻璃之体积比1∶0.08。

(4)在浆液旁边准备一定量速凝剂,已备压力表突然下降时,遇见较大溶洞加入适量的速凝剂。

根据我项目部的实际情况,我们采用水灰比 1∶0.9 的纯水泥浆。

2.4.5　注浆压力控制

注浆管口径 $\phi \geqslant 50$mm。注浆工作压力,土层一般为 0.1~0.3MPa,基岩一般不小于0.3~0.5MPa。由于单位注浆量与注浆孔距、注浆压力、浆液浓度以及岩溶的发育程度密切相关,注浆施工前应进行现场注浆试验,合理选择注浆工艺,合理确定注浆压力、浆液配比、单位注浆量等相关参数,确定停止注浆的条件等。

2.4.6　注浆终孔

当注浆达到下列标准之一时,可结束该孔注浆:①注浆孔口压力维持在 0.5MPa 左右,吸浆量不大于 40L/min,维持 30min。②地表冒浆点已出注浆范围外 3~5m 时。③单孔注浆量达到平均注浆量的 1.5~2.0 倍,且进浆量明显减少时。当达不到上述结束标准时,应清孔再次注浆。

2.5　提管、回填

注浆完成后立即拔管,以防浆液在注浆管内凝固。每次上拔高度为 5m。拔出管后,及时刷洗注浆管,保持注浆器清洁、通畅。拔管后留下的孔洞,及时用 C15 混凝土回填密实。

2.6　补充注浆孔

对岩溶发育、注浆量大的地段,应追加适当的补充注浆孔,设 3%~5%的注浆验证孔。验证孔主要布置在岩溶发育等薄弱部位,验证孔同样应作为补注浆孔进行注浆。

各补注浆孔采用机动钻机引孔,首先采用 108mm 口径钻具开孔,土层必须干钻,全程跟管钻进,套管护壁封至土石界面以下 0.5~1.0m,套管底部采用止浆塞封闭使套管外壁与岩层结合紧密,不漏浆,然后改用 89mm 口径岩芯管钻至设计孔深;孔口采用法兰盘与套管对接封闭。注浆施工按照岩溶注浆技术要求进行。

3　施工注意事项

(1)注浆钻孔采用钻机成孔,钻机须安装牢固,定位稳妥、固定。注浆孔应跳孔施钻,不应全部钻孔完后再注浆,以免孔位串浆,增加难度及清孔工作量。

(2)各类设备应就近安装固定管线,不宜过长,以防压力和流量消耗。

(3)钻机成孔插入注浆管后,及时封堵孔口及附近的地面裂缝,以防冒浆。

(4)通过注浆前压水试验,调整材料配比和注浆压力等工艺技术参数。

(5)注浆用的浆液应经过搅拌机充分搅拌均匀后才能开始注浆,并应在注浆过程中不停地缓慢搅拌,搅拌时间应小于浆液初凝时间。浆液在泵送前应经过筛网过滤。

(6)注浆施工时,采用自动流量和压力记录表进行控制,并及时对资料进行整理分析。

(7)注浆过程中尽可能控制流量和压力,防止浆液流失。

(8)孔位偏差不宜超过50cm,开钻前必须保证机身平稳、垂直。

(9)注浆孔施工应自路基坡脚向线路中心的顺序进行,先两侧后中间,保证注浆质量。注浆孔有空洞时灌注中粗砂或水泥浆液(可含碎石)直至溶洞充填后才能进行注浆。

(10)在注浆过程中如压力表突然下降则停止注浆,在浆液中加入适当速凝剂。有可能遇到采空区,加入适量速凝剂以调节凝固时间,减少不必要的浪费。

4 注浆效果检测

4.1 注浆前后的钻孔压水试验对比

根据设计及现场监理要求,选取代表性钻孔进行注浆前后压水试验检查对比。结果表明,注浆前后单位长度吸水量相差悬殊,一般注浆后单位长度吸水量值降低达95%~99%,证明注浆效果明显。

4.2 检查孔钻探抽芯

各注浆段检查孔的抽取均按设计的5%确定,各孔位由业主或在设计现场指定,分别起于全段的起、中、末段。各检查孔均在岩土界面和基岩裂隙、溶洞间发现水泥充填。其中土层中水泥呈劈裂充填,岩芯中水泥呈条带状、碎块状;岩层中水泥呈柱状充填,岩芯中水泥呈柱状、块状,部分地段与充填物局部混合。抽芯完成后,各检查孔均不漏水。

4.3 面波检测

利用SWS.2型多波仪对杭新景高速公路第20标段路基(K249+320~K249+630)段岩溶注浆施工进行了面波检测,面波检测间距为5m,偏移距为10m,采用4Hz低频检波器。其完成瞬态面波检测点300个。面波检测主要是对比每一注浆点的面波速度和面波频散曲线,进而对注浆效果进行评价。对注浆效果的评价不能完全单一地以面波速度提高多少或单以频散比较结果为标准,需根据表1来综合评价。

面波检测注浆效果评价表 表1

频散曲线比较		速度比较	注浆效果评价
注浆前	注浆后		
曲线圆滑	曲线圆滑	提高不多	良好
曲线散乱	曲线圆滑	较大提高	
曲线散乱	少量散乱	较大提高	好
曲线散乱	较多散乱	有提高	较好
曲线散乱	曲线散乱	提高不明显	差

由注浆前后的频散曲线形态描述可看出,基本上每一个注浆孔的注浆前后的频散曲线与速度都有不同程度的变化:注浆后频散曲线形态变得光滑,速度得到提高,说明注浆后浆液充填了土层和岩层中的洞穴和裂隙,固结了松散土层和较破碎的岩石,注浆达到了预期目的,注浆效果良好。

5 结论

为了确保岩溶地基加固效果，杭新景项目在借鉴已完成高速公路岩溶路基施工经验的基础上，结合当地特殊地质情况，不断总结及优化实践中遇到的技术问题。本文即是在高速公路岩溶地基注浆加固处理施工经验的基础上总结形成。从本项目施工现场实践来看，该工艺灵活、机动，施工机械简单，可大量机械同时进行，在一定工期、一定数量的机械设备情况下，该方法具有较大的优势，并且施工中机械型号单一，施工质量容易得到保证。现场实践证明，注浆效果完全能够达到要求，并对地基加固及工后沉降控制起到了较好的效果，具有较好的社会效益、经济效益。此项施工工艺可以在岩溶地区路基加固工程中推广使用。

参考文献

[1] 中华人民共和国行业标准. JTG D30—2004 公路路基设计规范[S]. 北京：人民交通出版社，2004.

[2] 中华人民共和国行业标准. JTG F10—2006 公路路基施工技术规范[S]. 北京：人民交通出版社，2006.

[3] 刘玉卓. 公路工程软基处理[M]. 北京：人民交通出版社，2004.

[4] 中华人民共和国行业标准. JGJ 79—2002 建筑地基处理技术规范[S]. 北京：中国建筑工业出版社，2002.

石灰石取代矿粉在路面基层水泥中的应用研究

陆科奇　王彩萍

（中交三公局第一工程有限公司　北京市　100012）

摘　要：本文对利用石灰石等质取代矿粉制备路面基层专用水泥进行了研究，分析了石灰石的掺量对路面基层专用水泥的凝结时间、胶砂流动度、力学性能及胀缩特性的影响。结果表明：适量石灰石的掺入对改善水泥的各性能指标均有一定的作用。石灰石的掺量在 0～6%的范围内可有效延长水泥的凝结时间；石灰石在掺量为 4%的条件下，不仅可以小幅提升了水泥的抗压强度，且可有效改善水泥的膨胀性能。

关键词：石灰石　路面基层专用水泥　凝结时间　力学性能　胀缩特性

路面基层水泥对工业废渣的消纳量大，它是经由大掺量工业废渣与适量熟料、石膏等以一定的配比磨制而成，是一种缓凝微膨胀型水泥[1]。近年来的研究大多集中于使用粉煤灰、矿渣、钢渣等固体废弃物，对于石灰石这类混合材在道路基层水泥中的应用研究较少。长期以来，石灰石粉一直被认为是惰性混合材，但近期研究发现，石灰石具有一定的水化活性[2]。李春等人研究发现，高细石灰石粉在水泥水化过程中可以充当水化产物晶核，降低成核势垒，提高滚珠润滑作用，降低水泥的需水量，提高水泥的抗裂性能[3]。肖佳等人研究表明，在水泥体系 CH 及 $CaSO_4$ 的环境下，石灰石能够参与水化生成碳铝酸盐化合物，水化的同时消耗了浆体中的 C_3A，在石灰石粉掺量多的条件下，能够抑制 AFt 的生成，在水化后期则阻碍水泥中 AFt 向 AFm 转化的趋势[4]。该水化特点为石灰石作为路面基层专用水泥材料提高水泥后期的抗裂性提供了可能。因此本文对石灰石在道路基层水泥中的应用进行了探究，分析了石灰石掺量对影响路面基层施工及性能的三大重要指标——水泥的凝结时间、力学性能、胀缩特性的影响规律。

1　原材料与试验方法

1.1　原材料

试验所用的熟料来自于某水泥厂生产的新型干法熟料，比表面积为 353m^2/kg；硬石膏来自某石膏矿，比表面积为 400m^2/kg；矿粉来自某钢铁厂，经矿粉活性测试，矿粉等级为 S95 粉，比表面积为 423m^2/kg；石灰石为经超细粉磨，测定其比表面积为 838.0m^2/kg，80μm 筛余为 1.5%，粒度分布见表 1。各种原材料的化学组成分析如表 2。

石灰石粉的粒度分布　　表 1

粒度范围(μm)	0～5	5～32	32～45	45～65	65～80	>80	d_{50}
粒度分布(%)	41.62	56.61	1.75	0.02	0	0	5.65

原材料的化学组成(%) 表2

原材料	SiO_2	Al_2O_3	Fe_2O_3	CaO	MgO	SO_3	K_2O	Na_2O	Loss
熟料	21.93	4.96	3.12	66.52	1.57	—	0.49	0.13	0.69
粉煤灰	53.43	26.27	5.06	6.26	1.52	—	—	—	2.94
矿渣	34.47	13.77	1.20	40.92	7.68	—	—	—	1.66
硬石膏	0.33	0.22	0.24	40.13	—	44.38	—	—	2.37
石灰石	0.41	0.20	0.24	54.79	0.43	—	—	—	42.78

1.2 试验配比

经过前期的试验研究,确定路面基层水泥的基准配比为:熟料 15%、矿粉 76%、硬石膏 9%。使用石灰石粉对矿粉进行等质取代,研究了石灰石的掺量对路面基层水泥凝结时间、胶砂流动度、力学性能、胀缩特性的影响,试验配比见表3。

试验配比 表3

编号	熟料	石灰石粉	矿渣	硬石膏
SK-0	15	0	76	9
SK-2		2	74	
SK-4		4	72	
SK-6		6	70	
SK-8		8	68	
SK-10		10	66	

1.3 试验方法

路面基层专用水泥的凝结时间按照《水泥标准稠度用水量、凝结时间、安定性检验方法》(GB/T 1346—2011)进行测定;水泥的胶砂流动度参照《水泥胶砂流动度测定方法》(GB/T 2419—2005)进行测试,其中水灰比为0.5;力学性能参照《水泥胶砂强度试验方法》(GB/T 17671—1999)进行抗压、抗折强度试验;微膨胀性能参照《水泥收缩胶砂试验方法》(JC/T 603—2004)测试试样在相应龄期的线膨胀率。

2 结果与讨论

2.1 石灰石对路面基层专用水泥凝结时间、胶砂流动度的影响(表4)

石灰石对路面基层专用水泥凝结时间、胶砂流动度的影响 表4

编号	凝结时间(min)		标准稠度用水量(%)	胶砂流动度(mm)	安定性
	初凝时间	终凝时间			
SK-0	302	360	26.1	232.0	合格
SK-2	310	368	25.9	238.0	合格
SK-4	315	370	25.7	240.5	合格
SK-6	318	375	25.4	242.0	合格
SK-8	300	355	25.2	245.0	合格
SK-10	288	340	24.8	247.5	合格

表4为石灰石的掺量对路面基层水泥标准稠度用水量、凝结时间、胶砂流动度的影响，SK-0、SK-2、SK-4、SK-6、SK-8、SK-10各组中石灰石粉的掺量分别为0、2%、4%、6%、8%、10%。从表4可以看出，石灰石的掺入显著降低了水泥的标准稠度用水量，增大了水泥的胶砂流动度。相比SK-0，SK-10中，水泥的标准稠度用水量从26.1%降低至24.8%，胶砂流动度从232mm增大至247.5mm。同时，随着石灰石的掺量增大，水泥的凝结时间呈现先逐渐增大后显著降低的趋势，在掺量为6%时(SK-6)达到最大值。且当石灰石掺量大于6%时，水泥的凝结时间甚至低于基准样SK-0组。这主要是因为当石灰石掺量较低时，石灰石溶解出的CO_3^{2-}离子能与C_3S水化释放的Ca^{2+}形成$CaCO_3$无定型膜，覆盖在C_3S表面，延缓了水泥水化的进一步进行，而当大量的Ca^{2+}存在时，$Ca(OH)_2$成核结晶会得到加速，同时造成了液相中Ca^{2+}的相对不足以及CO_3^{2-}离子过剩，可能形成相溶性的HCO^{3-}离子把覆盖薄膜冲破从而导致继续水化[5]。

2.2 石灰石对路面基层专用水泥力学性能的影响(图1)

图1给出了石灰石的掺量对路面基层专用水泥的抗折、抗压强度的影响。当石灰石的掺量小于4%时，水泥的抗折强度变化不大，水泥的抗压强度出现了小幅增长。相比SK-0，SK-4组中3d、7d、28d强度分别增大1.1MPa、0.5MPa、3MPa。这是由于石灰石粉掺量较少时，一方面高细石灰石粉的水化“晶核作用”更加明显，C_3S水化释放出大量的Ca^{2+}，Ca^{2+}会扩散到高细$CaCO_3$颗粒表面附近，石灰石粉对Ca^{2+}产生物理吸附作用而因此成为$Ca(OH)_2$优先成核的初始形核点，此过程加快了$Ca(OH)_2$的形成，导致浆体中C_3S周围Ca^{2+}浓度降低，C_3S水化得到加速，促进了水泥水化[6]；另一方面$CaCO_3$与熟料中的C_3A和C_4AF反应生成早强型矿物碳铝酸钙[7]。而当水泥的掺量大于4%时，由于石灰石本身的水化活性低，水泥的抗压、抗折强度显著降低。相比SK-4组，SK-10中水泥3d、28d的抗折强度的降幅分别为18.87%、12.62%，抗压强度的降幅分别为24.43%、18.79%。可见在石灰石掺量为4%时，水泥的力学性能最优。

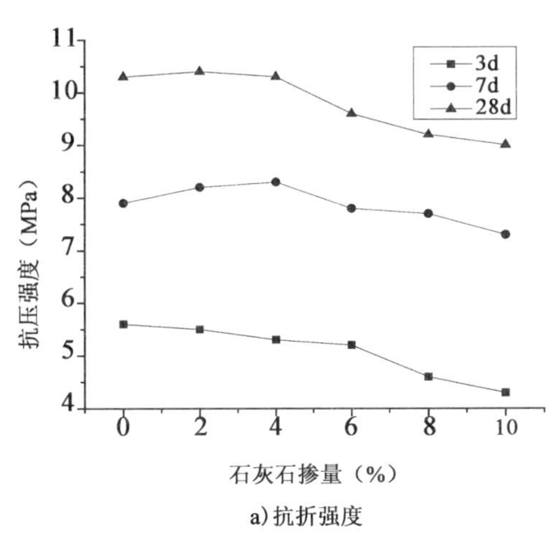

a)抗折强度

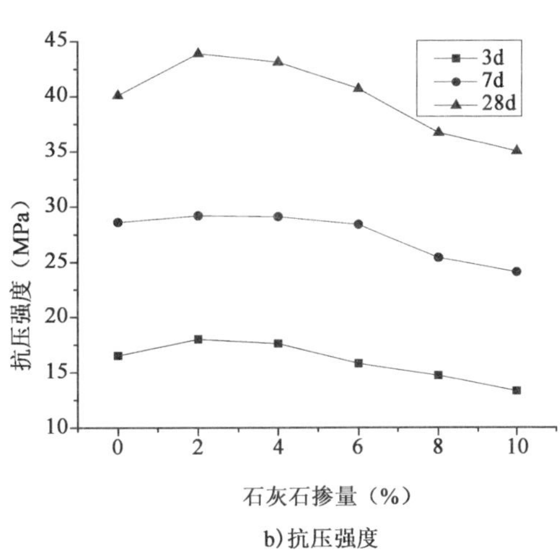

b)抗压强度

图1 石灰石掺量对路面基层专用力学性能的影响

2.3 石灰石对路面基层专用水泥胀缩特性的影响(图2)

采用不同掺量的石灰石对矿粉进行等质取代,其中石灰石粉的掺量分别为0、4%、8%,研究了石灰石的掺量对水泥膨胀性能的影响,结果如图2所示,其中ME代表饱水养护,DS代表干燥养护。从试验结果可以看出,在ME养护阶段,石灰石掺量为4%的SK-4组中水泥的膨胀率高于基准样SK-0组,而石灰石的掺量较高的SK-8中水泥的膨胀率与之相比较低。在养护龄期为28d时,相比SK-0,SK-4线膨胀率增大0.008%,SK-8的线膨胀率减小0.008%。这是由于少量石灰石粉的掺入能够加快水泥的水化进程,而当石灰石粉的掺量过高时,石灰石与C_3A水化量较大,抑制了水泥中AFt的产生[4]。在DS阶段,由于石灰石粉的掺入抑制了AFt向AFm转化,使得SK-4、SK-8组的膨胀率高于基准样SK-0,且石灰石掺量为4%的SK-4组的膨胀率更高。可见当石灰石的掺量为4%时,在ME与DS阶段,水泥均具有良好的微膨胀性能。

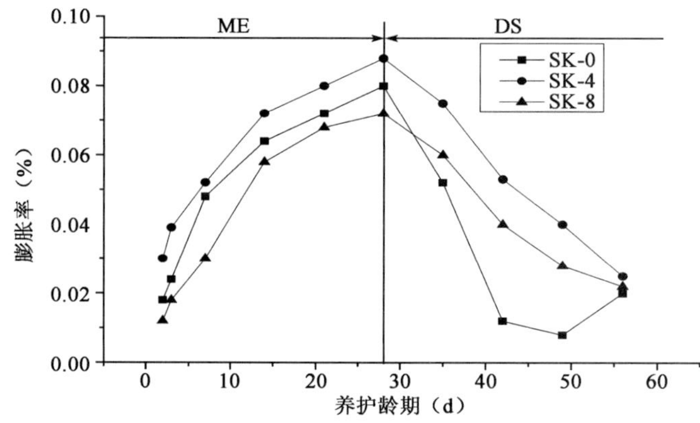

图2 石灰石对路面基层专用水泥胀缩特性的影响

3 结语

(1)随着石灰石粉掺量的增加,水泥的凝结时间呈现先延长后缩短的趋势,其中在6%的掺量条件下达最大值,同时石灰石的滚珠作用也使得水泥的标准稠度用水量降低,胶砂流动性增大。

(2)适量生石灰的掺入有利于改善道路基层专用水泥的力学性能与水泥的胀缩特性,在生石灰的掺量为4%时,与基准样相比,水泥的抗折强度变化较小,抗压强度出现了小幅增长,3d、28d的强度增长率分别为6.67%、7.48%,且此时水泥的微膨胀性能良好。

参考文献

[1] 陆小黑,王彩萍,汪春荣,等.粉煤灰取代矿粉在路面基层水泥中的应用研究[J].交通科技,2013,6:87-89.

[2] 汪春荣.复合路面基层专用水泥的组成与性能研究[D].武汉:武汉理工大学,2013.

[3] 李春,汪春荣,王奎,等.石灰石混合材取代矿渣在复合水泥中的应用研究[J].新世纪水泥导报,2012,1:23-26.

[4] 肖佳,金勇刚,勾成福,等.石灰石粉对水泥浆体水化特性及孔结构的影响[J].中南大学学

报(自然科学版),2010,41(6):2313-2320.
[5] 李晶.石灰石粉掺量对混凝土性能影响的试验研究[D].大连:大连理工大学,2007.
[6] 李步新,陈峰.石灰石硅酸盐水泥力学性能研究[J].建筑材料学报,1998,1(2):186-191.
[7] 贺福利,王启伦,秦立明.掺石灰石、粉煤灰复合硅酸盐水泥生产试验[J].河南建材,2001,3:21-22.

植物纤维毯在粉砂性土路基边坡防护中的应用

罗 浩

（中交三公局第一工程有限公司 北京市 100012）

摘 要：本文通过介绍河南省郑州机场至西华高速公路项目建设在植物纤维毯种植方面取得的显著防护效果，总结了采用植物纤维毯对粉砂性土路基进行边坡防护的实际作用，详细论述了采用植物纤维毯技术在现代高速公路边坡防护方面的优异性。

关键词：机西高速 植物纤维毯 粉砂性路基 护坡 效果

1 项目概况

郑州机场至西华高速公路（简称机西高速）（一期）起点位于开封尉氏县终于周口西华县。路线全长106.3km。项目所在地区属暖温带大陆性季风气候，冬季寒冷干燥，夏季高温多雨，秋季天高气爽，四季分明。平均气温为14.5℃。年均无霜期为221d，年降水量为627.5mm，降水集中在夏季7、8月份。

本项目地处平原，以填方路基为主，填方量大，土质变化较大，项目起点K25+000～K78+596段，填筑路基多为粉砂性土，含泥量少，含水率低，透水性好，黏结性低，抗剪性差。为加快施工进度、降低工程造价、打造低碳节能环保工程，机西高速（一期）项目部分边坡防护经上级批准，全线路提高度不大于8m路段采取植物纤维毯防护。

2 植物纤维毯的固坡技术原理

植物纤维毯的结构（图1）共分为3层，上层和下层均为聚丙烯网，中间层包含天然纤维、稻（秸秆）和蓄水层。

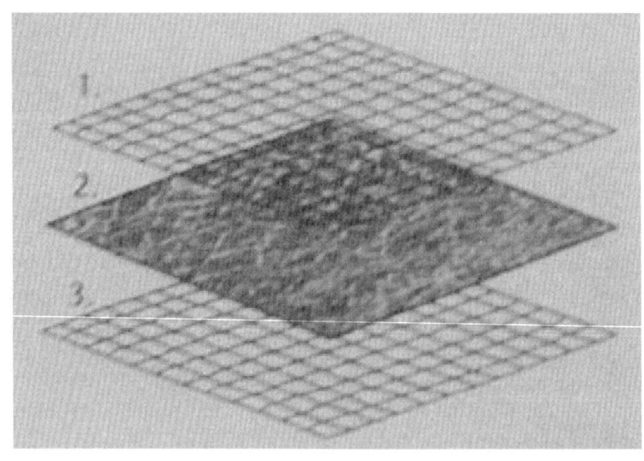

图1 植物纤维毯的结构

(1)植物纤维毯节能、环保,能有效防止边坡水土流失,保护坡面地被,防止坍塌侵蚀,并防风固土,可在一定程度上遏制风沙对高速环境的危害。

(2)施工作业简便、快捷,可以完全、直接铺设于地表,迅速提高植被建植能力,加快绿化速度,改善绿化水平,且不受土质及路基高度的影响。

(3)能抑制土壤水分蒸发,保持有效的土壤温度和湿度;吸附细沙尘土,秸秆腐烂后又可增加土壤有机质和养分含量,为植物生长提供良好的成长环境。

3 植物纤维毯边坡防护施工工艺

植物纤维毯边坡防护施工工艺流程如图2所示。植物纤维毯固定如图3所示。

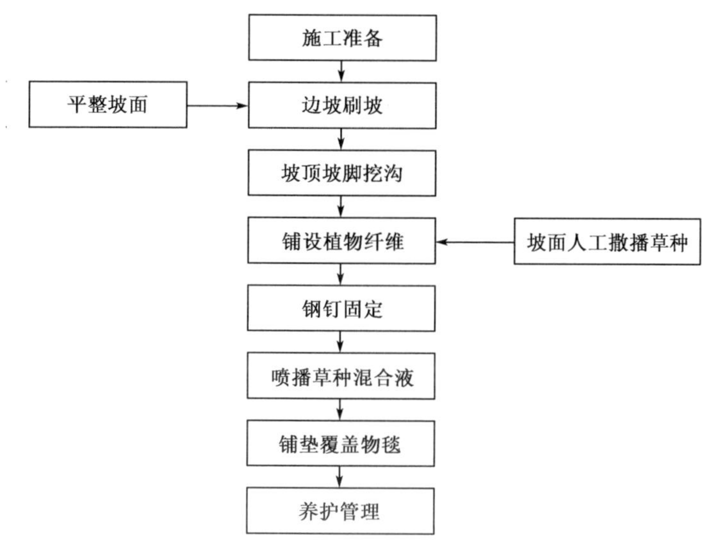

图2 植物纤维毯边坡防护施工工艺流程图

4 草种的选择

4.1 备选灌木、草本植物

施工单位可根据路段实际情况选择种植。

(1)高填方路段:填高5~8m,选择紫穗槐、胡枝子、多花木兰、高羊茅、狗牙根、结缕草、早熟禾、黑麦草等。

(2)一般填方路段:填高2~5m,选择狗牙根、高羊茅、黑麦草、紫花苜蓿、红豆草、小冠花、野花组合等(分段组合)。

(3)低填、浅挖路段:填高0~2m,选择黑麦草、高羊茅、早熟禾、狗牙根、小冠花、红豆草、野花组合(分段组合)。

(4)一般挖方路段:挖深2~5m,选择高羊茅、黑麦草、早熟禾、紫花苜蓿、红豆草、小冠花、野花组合等(分段组合)。

(5)较高挖方路段:挖深5~8m,选择紫穗槐、胡枝子、高羊茅、狗牙根、多花木兰、结缕草等。

(6)互通匝道:紫穗槐、胡枝子、多花木兰、黑麦草、紫花苜蓿、高羊茅、早熟禾、小冠花、红豆草及野花组合(根据匝道路基高度选择)。

(7)砂性土、粉性土段:草灌结合。

(8)黏性土路段:草本为主。

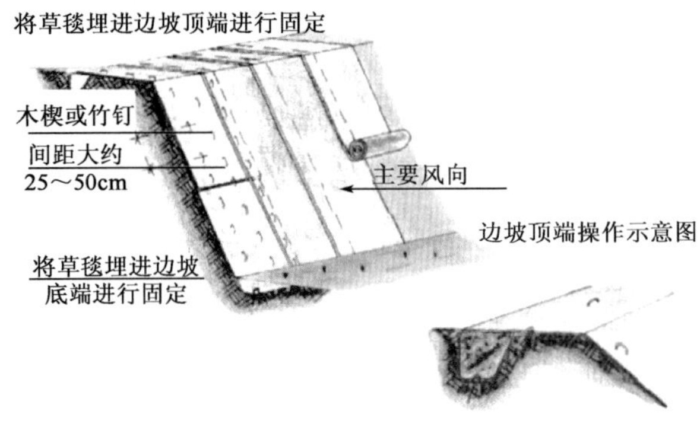

图 3　植物纤维毯固定图

4.2　草种的选择

针对本项目所处地域位置、气候特点、土壤特性,选择耐旱、耐寒、耐高温、耐贫瘠等多年生草本、灌木植物种子。

草种选择标准:

(1)发芽力强,繁殖能力强,根系发达,生长旺盛,能迅速覆盖地面,护坡固土。

(2)植株生长低矮,叶片柔软,富有弹性。

(3)有较强的适应性和抗逆性。

(4)再生及恢复能力强,生存年限及绿期长。

(5)对人畜无害,无刺激气味。

(6)草灌植物混合播种。

4.3　种子处理

在播种前应进行种子处理,种子处理的目的是减少病虫害及促进种子提早发芽。

具体做法：

(1)种子消毒：用5%的高锰酸钾水溶液(硫酸或苛性钠溶液)浸种2h，以杀死种皮表面的细菌及其他有害物质，并提高种皮的通透性，打破种子的休眠。

(2)添加剂处理：用0.1%浓度的促根剂及催芽剂浸种2h，彻底打破种子的休眠，使种子提前发芽萌动。

(3)浸种：种子经消毒及添加剂处理后，用清水浸种12h。采用冷水浸种法处理种子时应勤换水，使水中有充足的氧气，避免种子胚因氧气不足而引起的死亡。

4.4 种子质量鉴定与配比

各混合植物配比应根据试验段试播确定草种混合比例进行施工。在喷播前应对批量种子发芽率进行测定，并根据测定的面积，计算实际种子用量。

4.5 专用复合肥

结合边坡土壤品质，分别对草本、木本植物群落设计专用复合肥(施含氮、磷、钾底肥)以促进植物生长。

4.6 养护管理

(1)无纺布固定后，即时洒水养护，前期养护浇水宜少量多次，浇水时应采用雨淋状浇灌，防止冲刷掉草种，严禁出现拉沟现象。

(2)养护时间及次数：种子前期养护一般为30d，发芽期15d湿润深度控制在2cm左右，幼苗期依据植物根系的发展逐渐加大到5cm以上，前期宜每3d洒水养护1次，早晨养护时间应在10点以前完成，下午养护应在16点以后开始，始终保持土壤湿，以促使草种发芽生长。

(3)避免在强烈的阳光下进行喷水养护，以免造成生理性缺水和诱发病虫害。在高温干旱季节，种子幼芽及幼苗由于地面高温容易受伤，应根据情况适当增加喷水；下雨或阴天可适当减少。

(4)坡面草长至5～10cm时，去除覆盖无纺布与竹钉，并尽量回收利用。

(5)根据需要适当施肥并及时清除杂草，为草种生长提供养分，保证坡面的平整和美观。

(6)缺陷修势：为保证边坡绿化的整体效果，需对缺、损苗地段及时进行修整补播，即进行缺陷修复。

5 幼苗检测与病害防治

(1)技术人员每日测定播种的图标温度、湿度，观察测量植草生长速度与叶面标宽，及时指导追肥、浇水。

(2)进行病害检测，及时发现，及时防治。

(3)总结养护规律，收集积累本项目工程施工经验，为后期养护提供依据。

6 植物纤维毯对边坡的防护作用

6.1 植物纤维毯铺设初期的防护作用

植物纤维毯在铺设施工完成初期，就可以起到防止风沙流动和雨水冲刷边坡等防护作用。由于试验段边坡的土壤多偏沙性，当冬春干燥多风时，造成风沙流动严重；而植物纤维毯铺设完成后，起到了明显的防风固沙作用。

2014 年 8 月～9 月，机西高速公路开封尉氏段普降大雨，JXZT-2 标段粉砂性路基冲刷严重。而在同一路段，大雨之前就铺设了植物纤维毯的边坡，基本没受到大雨的影响。可见，采用植物纤维毯进行边坡防护，即便是植物未生长时期，也能对边坡起到较好的防冲刷并产生径流的作用，避免了雨后再次重整路基施工，从而大大加快了机西项目的总工期进度。

6.2 植物纤维毯长成后的整体防护作用

植物纤维毯中的植物普遍生长后，通过截留、蒸腾、渗透等截留降雨，降低了坡体孔隙水压力，削弱溅蚀，抑制坡面土壤侵蚀，可以有效地防止边坡水土流失。地下浅层根系通过加筋作用，增加了根系土层的机械强度；深层根系起到预应力锚杆作用，增加了土体的阻力，阻挡了土层的滑移和运动，从而大大提高了边坡的稳固性，也为现代高速公路的边坡绿化美化、环保节能走出了一条探索之路。

7 植物纤维毯在衡大段项目建设中的应用效益

7.1 有效缩短和节省了通车总工期

机西建设项目根据省里的要求，2015 年 4 月底必须全线通车，所以工期紧、任务重也是本项目的难点之一。采用植物纤维毯护坡，从而取消了其他防护形式中的误工防护，也促进了施工工序的季节优化，使边坡防护在雨季之前、路基施工完成之后即可开始实施，而且施工程序简单快速，节省了大量的时间和人力资源，为本项目按时通车节省了总工期。

7.2 有效降低和节约了项目总投资

通过对近年来各种植物防护技术的价格对比和施工后的边坡防护效果的调查，植物纤维毯防护技术不仅可以媲美其他植物护坡技术，而且它的造价相对来说比较低。普通土工格室加植草进行边坡防护，一般在 70～100 元/m^2，而采用植物纤维毯护坡，一般仅 25～33 元/m^2，为本项目节省了大量的资金投入。

8 结语

通过以上对植物纤维毯生态护坡技术在机西高速粉砂性土路基边坡防护中实际应用的详细介绍可知，无论是在边坡防护效果方面，还是在工程效益方面，采用植物纤维毯对粉砂性土路基进行护坡，都具有非常好的推广性，既很好地达到了工程防护的效果，又取得了工程效益和经济效益的双丰收。在机西项目建设中普遍采用植物纤维毯护坡，既缩短了施工项目总工期，又节约了大量资金投入，为 2015 年 4 月底全线顺利通车奠定了基础。

在植物选择方面，一定要充分调查边坡的立地条件，选用适合的植物品种。通过试验段的观察，多年生草本虽然形成效果比较快，但后期需要割除，增加了养护作业量；同时，存在冬季火灾隐患，施工初期需要及时浇水，尤其是春季施工后由于高温缺水造成幼苗大量死亡。选用适合的灌木品种施工初期生长略缓，早期需要及时浇水除草，但后期生长良好，景观效果突出，生物防护作用大，纤维毯降解后，灌木形成了良好的立体生物防护效果，因此建议尽量采用适合的灌木品种进行绿化。现在，高速公路建设飞速发展，日新月异，而环境治理和生态问题，也同时引起了工程界的广泛关注。植物纤维毯生态护坡技术，作为边坡防护形式中的植物防护新型技术，在公路路基防护方面因造价低廉、施工简单快速，对路基土质的适用广泛，为高速公路路基防护工作的现代化、快速化施工提供了新的选择。

参考文献

[1] 李爱国,杨海峰.植物固沙防护在沙漠公路中的应用[J].养护机械与施工,2005.

[2] 陈宏荣,夏卫平. 公路建设可能产生的水土流失及防治措施——以漳平高速公路漳州境段为例[J]. 福建水土保持,2001.

[3] 顾卫,姜伟.植被护坡与灰浆砌体护坡的比较分析[J].中国水土保持科学,2006.

[4] 陈金成. 植物纤维毯在大广高速公路边坡防护中的应用[J].河北林业科技,2012.

浅谈冷再生机在路床水泥土处治中的应用

谭文田　王彬彬

（中交三公局第一工程有限公司　北京市　100012）

摘　要：水泥稳定土作为高速公路路床处理材料和路基封层，因施工工艺成熟而一直沿用至今，但由于工序较多且受土质和时效等因素的影响较大，如何做好路基顶层水泥土的施工是每一个施工单位所面临的问题，特别是对于本项目这种低黏聚性砂性土材料显得尤为突出。本文结合工程实例，用冷再生机代替路拌机，研究了冷再生机的工艺特点。

关键字：冷再生机　水泥土　路床处治

1　工程概况

机西高速公路（一期）JXZT-2标段起讫桩号为K32＋000～K42＋600，线路全长10.6km。本标段路基整体宽度为28m，填方最大高度为11.04m。上路床40cm范围内采用掺水泥处治，水泥掺量为4%，共95 385m^3。

项目位于河南省中东部，处于黄淮冲积平原，路线总体走向大致为南北方向，地面高程多在65～85m，地形地貌简单，有砂岗和砂地两类，砂岗多呈丘状或垄状，多呈半固定状态，由黄河故道泥沙经风的搬运堆积而成，主要分布路段为K32＋000～K35＋100。黄河下游近期缓慢下降的速度远小于堆积速度，因而地形不断抬高，突起于平原之上。由于这一堆积作用，黄河在孟津以下形成了大的扇形地带。路线区处在此冲积扇的南翼，主要分布路段为K35＋100～K42＋600。

2　工艺简介

2.1　施工准备

严格进行二级和三级交底，形成交底记录；下承层表面平整、坚实，具有规定的路拱，没有松散土和软弱点；测量准确，真实记录；土样具有代表性，试验数据真实，为现场施工提供依据。

2.2　备土

画格上土、摊铺，进行初步碾压使表面平整，含水率略高于最佳含水率，实际在施工过程中需根据当日或次日施工时的天气情况进行具体调整。目前气温逐渐升高，含水率可较最佳含水率提高2～3个百分点，以使水泥掺拌后压实过程中控制在最佳含水率±2%。

2.3　布灰

计算每平方米水泥用量，撒灰线画格，摆放水泥。每平方米的水泥用量根据标准击实得出的最大干密度进行计算，方格大小建议：横向平分水泥土施工宽度（水泥土设计宽度为27.3m，可以平分为 6 或 8 格，每格宽 3.412m 或 4.55m)，纵向根据计算出的每袋摊铺面积进行计算。建议每格水泥放置在 4～6 袋，以便水泥均匀摊铺。如果有较好的方法保证摊铺均匀，也可适当扩大方格面积，增加水泥袋数。

试验段方格大小计算见表 1。

方格大小计算(以试验段为例) 表 1

最大干密度	1 905kg/m³
单位体积土的质量	1 905/(1+0.04)=1 831.73kg/m³
单位体积水泥量	1 905−1 831.73=73.27kg/m³
每平方米水泥用量	73.27×0.2=14.65kg
每袋水泥质量	50kg
每袋水泥摊铺面积	50/14.65=3.412kg/m²
水泥土设计宽度	27.3m
横向分格数	8 格
单格横向宽度	27.3/8=3.412m
单个方格纵向长度	4m
每格布置水泥袋数	3.412×4/3.412=4 袋

计算水泥摊铺厚度。由于采用人工摊铺，所以在摊铺时需钉桩，拉线打米字格，作为摊铺水泥控制厚度的标线。纵向摊铺，方便路拌机进场拌和。水泥摊铺完毕后，做到表面没有空白位置，也没有水泥过分集中的地点，做到摊铺均匀，厚度大致相等。

2.4 拌和

采用稳定土拌和机进行拌和，拌和前先检测填料的含水率并做好记录，拌和深度要达到下承层顶。拌和时设专人跟踪拌和机，随时检查拌和深度(钢钎打刻度)并配合拌和机操作员调整拌和深度。严禁在拌和层底部留有“素土”夹层。

试验段施工时投入 1 台恒诺 WB21 轮胎式稳定土拌和机，工作最大行进速度 3.3km/h(约为 1m/s)，最大拌和宽度 2.1m，最大拌和深度 40cm。拌和时须拌和到底且宜侵入下层 0.5～1cm，但不宜过大，以免影响灰剂量。

现场取样进行灰剂量检测，混合料拌和均匀后做到色泽一致，没有灰条、灰团和花面，没有水泥积“窝”，且水分合适和均匀。灰剂量≥4%(上路床)。同时检测含水率，如果含水率损失较大，需在此时进行洒水，对“水”这个关键要素进行控制。试验段施工时含水率检测稍高于最佳含水率，未作调整。

2.5 碾压成型

水泥土层整平满足要求后，混合料的含水率等于或略大于最佳含水率时，立即用振动压路机在全宽内进行碾压。碾压时，重叠 1/2 轮宽。严禁压路机在已完成的或正在碾压的路段上掉头或紧急制动，保证稳定土层表面不受破坏。碾压过程中，如发生“弹簧”松散、起皮等现象，及时翻开换以新的混合料或添加适量的水泥重新拌和。在水泥终凝前和试验确定的延迟时间内完成碾压，并达到压实度要求。

试验段施工时投入两台 22t 压路机，1 遍静压+2 遍弱振+2 遍强振+1 遍静压收面。

根据试验段含水率试验数据（表 2）和曲线图（图 1），在拌和后至碾压前含水率下降较快，分析其原因主要是因为拌和时土体变得松散，土粒与空气接触面积增大，加之施工时风力的影响，土体中的水散失于空气中。所以在试验段和后来的施工中，拌和工作进行的同时压路机立即跟进对已拌和的土体进行稳压，减少土粒与空气的接触面积，以减少水的损失，同时也让各工序间更加紧密的衔接。另外一个更重要的原因是经过拌和，水泥与土中的水产生水化反应，消耗了大量的水。

含水率检测记录（%） 表 2

序号	检测时刻	1	2	3	4	5	6	7	8	平均值
1	拌和前	13.8	13.5	13.2						13.5
2	碾压第 2 遍	3	12.2	11.4	11.8					12.1
3	碾压第 3 遍	11.6	12.6	11.2	12.3					11.9
4	碾压第 4 遍	12.2	11.4	13.2	11.2					12
5	碾压第 5 遍	11	12.6	13.1	11.9	10.8	11.2	10.6	12.5	11.71

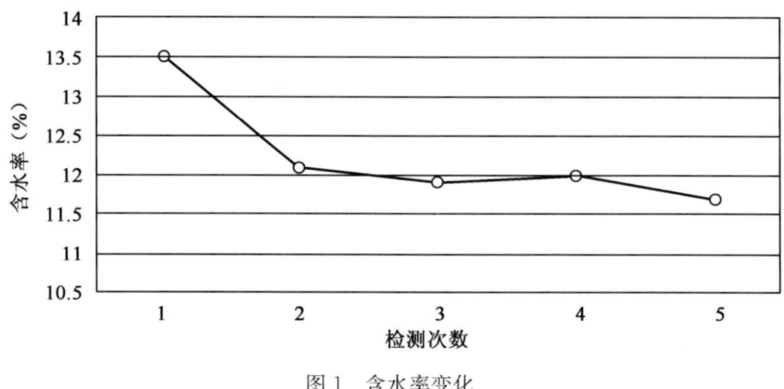

图 1 含水率变化

2.6 压实度检测

水泥土对含水率要求较高，为减少水分散失对压实度造成的影响，在上述碾压工序完成以后采用灌砂法对压实度进行检测（表 3、图 2），检验合格后，转入下一道工序。不合格时重新进行补压，直至试验合格。

压实度检测记录（试验段压实第五遍） 表 3

序号	检测位置	检测结果（%）	备注
1	D36+670 左 4m	97.1	
2	D36+690 右 5m	97.1	
3	D36+710 左 2m	97.6	
4	D36+721 右 10m	96.0	

续上表

序号	检测位置	检测结果(%)	备注
5	D36+730 右 8m	97.6	
6	D36+741 左 7m	97.1	
7	D36+750 左 7m	97.1	
8	D36+770 右 9m	97.6	
9	D36+800 左 10m	97.6	
10	D36+830 右 6m	98.2	

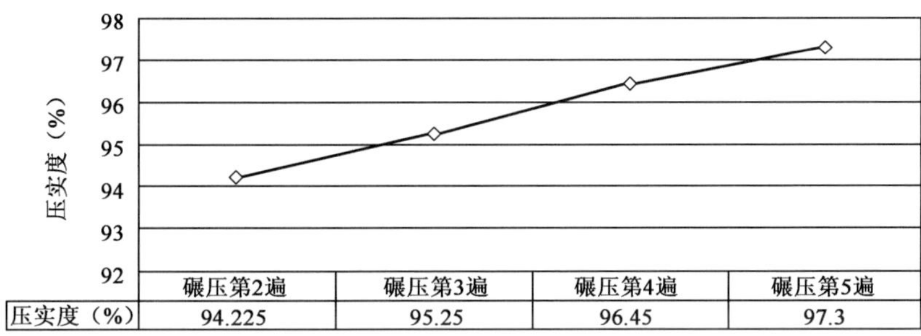

图 2　试验段压实度检测统计

虽然在第 4 次碾压后压实度达到 96%以上，但有 1 个点不合格，所以进行了第 5 次碾压。结果如前述。

2.7　养生

水泥土经过拌和、压实成型后采用洒水车洒水，立即进行养生。每天洒水的次数视天气而定。整个养生期间始终保持稳定土层表面潮湿。养生期不少于 7d。养生期间禁止车辆通行。

试验段数据总结见表 4。

试验段数据总结　　表 4

序号	项目	参　数	备注
1	试验段段落	K36+664～K36+835	
2	段落长度	171m	
3	机械组合	路拌机 1 台，平地机 1 台，压路机 2 台	拌和及碾压过程
4	各环节时间统计	拌和 1.2h+静压 0.3h+高程测量 0.5h+精平 1.0h+振压 2.6h+静压收面 0.3h=5.9h	
5	碾压顺序及遍数	1 遍静压+2 遍弱振+2 遍强振+1 遍静压收面	
6	松铺厚度	25cm	
7	松铺系数	1.25	

注：其他数据已在前面列出，不再赘述。

不同机械组合最大施工段落计算见表 5。

表 5

不同机械组合最大施工段落计算

公用时间	调整含水率(补水)时间			0.5					0.5					0.5
	高程测量时间			0.5					0.5					0.5
	二次精平时间			1 台平地机	1				1 台平地机	1			两台平地机	0.5
	项目		单位			项目		单位			项目		单位	
	假设施工段落长	170				假设施工段落长	200				假设施工段落长	290		
	最长施工时间(开始拌和至压实完毕)	6				最长施工时间(开始拌和至压实完毕)	6				最长施工时间(开始拌和至压实完毕)	6		
拌和时间1	拌和施工时间计算(1 台路拌机)				拌和时间2	拌和时间计算(2 台路拌机)				拌和时间7	拌和时间计算(2 台路拌机)			
	路拌机行进速度	50.0	m/min			路拌机行进速度	50.0	m/min			路拌机行进速度	50.0	m/min	
	需拌和宽度	27.3	m			需拌和宽度	27.3	m			需拌和宽度	27.3	m	
	单程时间	3.4	min			单程时间	4	min			单程时间	5.8	min	
	单次拌和宽度	2	m			单次拌和宽度	2	m			单次拌和宽度	2	m	
	拌和次数	14				拌和次数	14				拌和次数	14		
	拌和时间	46	min			拌和时间	27	min			拌和时间	40	min	
	单次掉头时间	2	min			单次掉头时间	2	min			单次掉头时间	2	min	
	掉头次数	14				掉头次数	14				掉头次数	14		
	掉头总时间	28	min			掉头总时间	28	min			掉头总时间	28	min	
	拌和时间	74		1.24		拌和时间	55		0.9		拌和时间	68		1.1

续上表

压实时间3	压实时间计算(1台压路机)				压实时间4	压实时间计算(1台压路机)				压实时间8	压实时间计算(1台压路机)			
	压咱机行进速度	80.0	m/min			压路机行进速度	80.0	m/min			压路机行进速度	80.0	m/min	
	单趟压实时间	2.1	min			单趟压实时间	2.1	min			单趟压实时间	2.1	min	
	单次压实宽度	1	m			单次压实宽度	1	m			单次压实宽度	1	m	
	压实总宽度	30.16	m			压实总宽度	30.16	m			压实总宽度	30.16	m	
	幅振动碾压一遍	30				全幅振动碾压一遍	30				全幅振动碾压一遍	30		
	全幅振动碾压一遍时间	64.1	min			全幅振动碾压一遍时间	64.1	min			全幅振动碾压一遍时间	64.1	min	
	全幅振动碾压4遍	192.3		3.2		全幅振动碾压4遍	256.4		4.3		全幅振动碾压4遍	256.4		4.3
	振动前静压一遍	30		0.5		振动前静压一遍	30		0.5		振动前静压一遍	30		0.5
	收面一遍	30		0.5		收面一遍	30		0.5		收面一遍	30		0.5
				4.2					5.3					5.3
组合		1+3	总时间	7.5	组合		2+4	总时间	8.2	组合		7+8	总时间	7.9
压实时间5	压实时间计算(2台压路机)				压实时间6	压实时间计算(2台压路机)				压实时间9	压实时间计算(3台压路机)			
	压路机行进速度	80.0	m/min			压路机行进速度	80.0	m/min			压路机行进速度	80.0	min	
	单趟压实时间	2.1	min			单趟压实时间	2.5	min			单趟压实时间	3.6	min	
	单次压实宽度	1	m			单次压实宽度	1	m			单次压实宽度	1	m	
	压实总宽度	30.76	m			压实总宽度	30.76	m			压实总宽度	30.76	m	
	全幅振动碾压一遍	15				全幅振动碾压一遍	15				全幅振动碾压一遍	10		
	全幅振动碾压一遍时间	32.7	min			全幅振动碾压一遍时间	38.5	min			全幅振动碾压一遍时间	37.2	min	
	全幅振动碾压4遍	130.7		2.18		全幅振动碾压4遍	153.8		2.6		全幅振动碾压4遍	148.7		2.5
	振动前静压一遍	15		0.3		振动前静压一遍	15		0.3		振动前静压一遍	10		0.2
	收面一遍	15		0.3		收面一遍	15		0.3		收面一遍	10		0.2
组合		1+5	总时间	5.9	组合		2+6	总时间	6.0	组合		7+9	总时间	5.4

3 工艺改进

3.1 工艺特点(表6)

主要是用冷再生机替代路拌机进行拌和,减少了前一天洒水闷土的工序,冷再生机通过管道在拌和时能够将水"即时"加入拌和土中,并根据检测和计算数据调整加水量。

工艺特点统计 表6

序号	对比项目	路拌机	冷再生机	备注
1	拌和装置位置	置尾	置中	冷再生机在拌和深度控制上更稳定
2	含水率控制	前一天闷水,洒水闷水时间约12h	根据实测含水率,天气情况"即时"加水调整,数显,精准控制	
3	灰剂量控制	受风力影响	除风力影响外,水车尾气及行驶碾压对水泥有一定影响	
4	平整度控制	如无首次精平或首次精平不到位,拌和后需平地机再次精平	如无首次精平或首次精平不到位,拌和后需平地机再次精平	
5	搅拌时行进速度	理论速度50/min(3.0km/h),实际1km/h	理论速度40m/min(2.4km/h),实际1km/h	
6	天气适应性	高温天气拌和后水分物理散失较严重,影响压实效果	可适应强降雨外的天气	
7	土质适应性	各种土质均可	各种土质均可,更适用于砂性土	
8	环保		水泥因水车排气管位置被吹散	

冷再生机本身比路拌机稍长,再加上水车及水管长度,约20m,转弯半径较大,需改变循环拌和路线(如由左幅边线至右幅中线)。

冷再生机拌和能够对水进行"即时"控制,因此减少了气温对含水率的影响,特别对砂性土这种高渗透高蒸发量的土质效果明显;但是由于需水车配合对水泥稍有影响,部分会随着水车排气和碾压散失。

3.2 注意事项

(1)合理配置机械,确定不同机械组合的最大施工段落。

(2)加强人员机械配合,使各环节衔接顺畅,不脱节,形成小段落内的流水作业,全标段内的循环作业。(画格同时布灰,布灰同时拌和,拌和同时碾压,碾压同时检测;上土闷水段落、拌和碾压段落、检测养生段落可同时存在。)

(3)随着气温升高,闷土含水率的最大值根据不同土质予以确定,满足拌和碾压过程的含水率要求。尽量不进行二次补水,以免耽误碾压时间。

4 结语

此工艺可以改善填料特性,提高路基整体强度和承载能力,既满足施工需要又不浪费资源，可利用沙丘就地取材，在增加耕地的同时，在环境改善、资源利用等方面作用重大、意义深远，同时可以节约工程项目投资，效益可观，建议类似地区全面推广。

参考文献

[1] 王世杰. 苗辛. 水泥粉煤灰稳定碎石在基层中的应用[J]. 科技信息，2008(34).
[2] 伍邦勇. 水泥稳定土处治路基路床的工程实践[J]. 公路交通科技(应用技术版)，2007(3).

内蒙古准兴运煤高速重载水泥混凝土路面施工关键技术研究

王书涛　于　博　郑鹏武　李春盛

（中交三公局第一工程有限公司　北京市　100012）

摘　要：本文介绍了全长265km的内蒙古准格尔至兴和运煤高速公路，在原材料选择、混凝土搅拌、运输、摊铺、传力杆布设、振捣、养生、填缝等方面所采取的措施，总结了较为完整的重载交通水泥混凝土路面施工技术，为类似水泥混凝土路面施工提供了借鉴。

关键词：重载　水泥混凝土路面　质量　控制

1　工程概况

内蒙古准格尔至兴和运煤高速公路，是内蒙古自治区“十一五”规划重点项目和西部大开发重点项目，为自治区“八横八纵八支八环线”路网中重要横线之一。本项目西起内蒙古自治区鄂尔多斯市准格尔旗大路乡，途经呼和浩特市清水河县、和林县，乌兰察布市凉城县、丰镇市、察哈尔右翼前旗、兴和县等三个市、七个旗县，终点止于兴和县团结乡。路线全长265km，公路等级为高速公路，设计速度为100km/h、80km/h，设计荷载为公路—Ⅰ级，路基宽度为27.75m，路面采用水泥混凝土高级路面，分为重载三车道，轻载两车道，总投资概算145亿元。

该项目采用重载方向（准格尔至兴和方向，以装满煤炭的车辆为主）为三车道，水泥混凝土面板厚32cm；轻载方向（兴和至准格尔方向，车辆一般空载或不以装煤为主）为两车道，水泥混凝土面板厚28cm。

2　本项目需要解决的技术难题

本项目与普通的水泥混凝土路面相比，最大的差别是厚度大、抗拉强度要求高；同时又处于内蒙古自治区，空气干燥、阳光照射强烈、风大，混凝土表面极易失水，造成水泥混凝土路面表面干缩开裂。

为保证水泥混凝土路面的平整度，必须采用大型滑模摊铺机来施工，混凝土振捣密实，防止边模拆模后塌边。混凝土路面板为大面积薄板结构，在大风条件下，表面水分蒸发过快，容易产生塑性收缩和干缩开裂。同时要防止水泥浆浮在路面表面，造成混凝土路面耐磨性下降，影响行车安全。由于混凝土板太厚，在振捣过程中经常造成板上、下层密度不均匀，导致板的强度存在很大偏差。

3　原材料控制

3.1　水泥

水泥混凝土路面中第一原材料是水泥，其质量的优劣及稳定性将直接关系该高速公路的使用品质及耐久性。要保证水泥混凝土路面的可施工性、耐久性，重点要考察水泥的细度、凝结时间、标准稠度用水量、碱含量等。本项目采用由厂家按照业主要求专门生产的路用水泥。在满足表1和表2的前提下，还应满足以下要求：

（1）水泥混凝土路面用水泥可用旋窑道路硅酸盐水泥或普通硅酸盐水泥，强度等级为42.5级，设计弯拉强度不小于5MPa，抗折强度不小于8MPa，抗压强度不小于42.5MPa。

（2）标准稠度用水量在满足规范不小于28%的前提下，各批次间波动应控制在1%以内。

路面用水泥强度要求 表1

设计弯拉强度（MPa）	5.0	
龄期（d）	3	28
抗折强度（MPa）	4.5	8
抗压强度（MPa）	21.0	42.5

路面用水泥物理化学指标 表2

类别	项次	检测项目	指 标 要 求
化学成分	1	铝酸三钙	≤6.0%
	2	铁铝酸四钙	16.0%～20.0%
	3	游离氧化钙	≤1.0%
	4	氧化镁	≤5.0%
	5	三氧化硫	≤3.5%
	6	碱含量	$Na_2O+0.658K_2O\leqslant 0.8\%$
	7	氯离子含量	≤0.06%
	8	混合材种类	不得掺窑灰、煤矸石、火山灰、烧黏土、煤渣；有抗盐冻要求时，不得掺石灰石
物理指标	9	出磨时安定性	雷氏夹和蒸煮法检验必须合格
	10	初凝时间 终凝时间	不早于1.5h 不迟于10h
	11	标准稠度用水量	≤28.0%
	12	比表面积	$300\sim450m^2/kg$
	13	细度（80μm）	≤10.0%
	14	28d干缩率	≤0.09%
	15	耐磨性	$\leqslant 3.0kg/m^2$

从表1和表2可以看出，准兴运煤高速路面用水泥的熟料矿物组成完全达到道路水泥的要求，水泥性能方面，在比表面积、碱含量、标准稠度用水量、28d抗折和抗压强度、干缩率等方面，高于国标的要求，为保证工程的质量提供了技术保障。道路水泥是一种特种水泥。与使用普通水泥相比，混凝土路面使用道路水泥具有很好的耐磨性、干缩性、工作性和耐久性。从准兴运煤高速使用道路水泥的结果来看，效果很好，今后在高等级混凝土路面施工中，应该大力推广使用道路水泥。

3.2 碎石

通过对周边碎石场进行考察，要求使用Ⅰ级碎石；个别受条件限制母材为石灰岩时，可以采用Ⅱ级压碎值指标。

(1)在料场优选阶段,首先排除碱活性碎石。碎石生产应经过两次破碎,需具备颚式破碎机、反击式破碎机或圆锥式破碎机。

(2)考虑到混凝土强度、和易性以及干缩,碎石最大粒径为 26.5mm。

(3)严格控制碎石级配,保证 16mm 筛孔累计筛余不小于 50%。

(4)含泥量不满足要求的应进行水洗。

3.3 砂

通过对周边砂场进行考察,推荐使用Ⅰ级砂,不能低于Ⅱ级。砂应满足以下要求:

(1)在料场优选阶段,首先排除碱活性砂。

(2)建议使用中砂,细度模数不小于 2.5。

(3)4.75mm 以上颗粒含量应不大于 5.0%,各批次间波动严格控制在 2%以内。

(4)含泥量不满足要求的应进行水洗。

3.4 外加剂

外加剂的产品质量应符合规范规定的各项技术指标。供应商应提供有相应资质机构出具的外加剂品质检测报告。外加剂的现场实用性检测可使用工地各标段的水泥等原材料,按推荐掺量进行检验,合格的外加剂可在本工程中使用,并注意以下几点:

(1)选定外加剂品种前,必须与工地所用的水泥进行适应性检验。通过适应性检验的外加剂,方可在工程中使用。外加剂适应性检验方法可参照《混凝土外加剂应用技术规程》(GB 50119)。

(2)建议使用萘系减水剂,并且为减水、缓凝、引气复合型外加剂。

(3)液体外加剂掺量宜控制在 3%以内。

(4)性能稳定,严格控制固含量,各批次间波动控制在 0.2%以内。

3.5 养护剂

水泥混凝土路面养生用养护剂性能应符合表 3 的规定。养护剂应为白色乳液,不能是无色透明乳液。一是白色能够明显区分养护剂喷洒与否的界限,不至于漏洒。二是热天施工时,白色养护剂反射阳光及红外线,有利于降低混凝土表面的温度,防止表面形成硬壳而限制收缩导致的开裂。

水泥混凝土路面施工用养护剂的技术指标 表 3

检验项目		一级品	合格品
有效保水率①,不小于(%)		90	75
抗压强度比②,不小于(%)	7d	95	90
	28d	95	90
磨损量③,不大于(kg/m²)		3.0	3.5
含固量④,不小于(%)		20	
干燥时间,不少于(h)		4	
成膜后浸水溶解性		养生期内应不溶	
成膜耐热性		合格	

注:①有效保水率试验条件:温度 38℃±2℃;相对湿度 32%±3%;风速 0.5m/s±0.2m/s;失水时间 72h。

②抗压强度比也可为弯拉强度比,指标要求相同,可根据工程需要和用户要求选测。

③在对有耐磨性要求的混凝土表面上使用养护剂时,磨损量为必检项目。

④当所使用的高分子乳液有效保水率不小于 90%时,含固量可适当降低,最低不得小于 10%。

3.6 填缝料

水泥混凝土路面填缝材料性能的好坏，是制约混凝土路面耐久性的一个重要因素。若处理不好，就成为地表水侵入板底的直接通道，造成基层材料的冲刷、唧泥及脱空，进而加速混凝土板的断板破坏。所以，接缝的灌缝质量和灌缝料的耐久性能直接影响水泥混凝土路面的正常使用状况和使用寿命。

填缝材料主要分为加热施工式和常温施工式两种。由于加热施工式填缝材料的25℃弹性恢复率较小，温度低时容易变脆开裂或与缝壁混凝土脱粘，同时在施工温度较低的环境下施工难度较大，综合考虑准兴高速公路的气候条件（平均最低气温－16℃，极端最低温度为－34.5℃，极端最高气温为37.5℃），填缝料要经受负温、大温差的严峻考验，因此应选取常温施工方式的低模量型填缝材料，并着重检测填缝料的耐低温性能。

根据填缝料室内试验数据及现场考察情况，最终确定本项目采用硅酮类或有机硅改性聚氨酯类填缝料。材料主要性能指标要求见表4、表5。

填缝材料常规性能指标 表4

序号	测 试 项 目	指 标 要 求
1	失黏(固化时间)(h:min)	6～24
2	流动度(mm)	0
3	弹性复原率(%)	≥75
4	－10℃拉伸量(mm)	≥15
5	与混凝土的黏结强度(MPa)	≥0.2
6	黏结延伸率(%)	≥200

填缝材料特殊性能指标（针对准兴高速） 表5

序号	测 试 项 目	指 标 要 求
1	定伸100%黏结性	无破坏
2	－30℃拉伸量(mm)	≥25
3	固化后针入度(0.1mm)	40～60
4	负温抗裂性	(－40℃±2℃)×168h弯曲90°不开裂

4 混凝土拌和

4.1 混凝土搅拌站

搅拌站应优先选配间歇式强制搅拌楼。从间歇式搅拌楼和连续式搅拌楼比较来看，间歇式搅拌楼是每锅单独称料的，因此，搅拌精确度高于连续式搅拌楼，弃料少，宜优先选配间歇式搅拌楼。同时，强制式搅拌设备的显著特点是通过安装在搅拌轴上的若干对叶片将砂石、水泥和水等进行强制性铲、刮、翻腾来实现物料搅拌。其优点是搅拌作用剧烈，搅拌时间短，搅拌质量好。这种搅拌设备可拌制低塑性混凝土，适用于水泥混凝土路面工程等。

搅拌主机的性能对拌和质量起着至关重要的作用，因此，在确定搅拌站型号时，应考虑搅拌主机的类型。目前搅拌站主要使用的是双卧轴强制式，这种主机搅拌质量好，过载能力强，卸料离析小，生产效率高，能适应多种性能的混凝土搅拌。与立轴式相比，搅拌轴转速低，物料移动距离短，从而使叶片衬板磨损减小，能耗降低。由于充分发挥了叶片对混凝土的剪切和挤压作用，搅拌质量有所提高，纯搅拌时间一般在 70～100s 之间，可搅拌塑性、干硬性混凝土。同时，该类搅拌机的容积系数较高，整机外形尺寸小、结构紧凑。

4.2 混凝土搅拌的要求

水泥混凝土路面所用混凝土的搅拌，对路面的质量起着至关重要的作用，必须按规定严格管理，必须严格按要求操作。

(1)各骨料和砂的称量相对误差均在±1.5％的范围内波动，小于规范要求的±2％；

(2)外加剂第一、三锅在超出标准要求时，能逐渐将误差稳定在小于±1％的范围内，说明该搅拌站配料系统具有较强的自动修正功能；

(3)水泥和水称量的相对误差在±1％范围内，符合规范要求。

因此，该搅拌站的计量称量动态配料稳定性相对较好，自动修正功能强，能够满足混凝土的拌和质量要求。

5 混凝土运输

水泥混凝土路面所用混凝土基本上为干硬性混凝土，所用车辆应尽可能采用统一车型，载质量一致，以便定额卸料及布料。路面宽度小时应用特小车型，宽度较大时可用大车型。运输车辆应选配自卸汽车或搅拌车，同时要求运输车辆后挡板严密、不漏浆，料箱支起角度不大于45°，车箱板平整光滑，防止粘车。

6 水泥滑模摊铺施工

水泥混凝土在设计时主要满足下面三项技术指标：①弯拉强度；②工作性；③耐久性。在摊铺施工过程中必须要以满足以上要求为前提，经常检测弯拉强度、钻芯劈裂强度、板厚度、平整度等是否符合规定要求，尽可能提高施工质量。

6.1 水泥滑模摊铺机的选择

在水泥混凝土路面的施工过程中，当水泥混凝土符合规定时，摊铺机的合理选配和使用是路面施工的关键，直接决定路面是否满足规定。

摊铺工序是选择摊铺机的首要条件。滑模摊铺机按摊铺工序可分为两种类型：一种是以美国COMACO公司的 GP 系列为代表，它把内部振捣器置于整机前方螺旋布料器的下方，然后通过外部振捣器和成型盘成型，最后由修光机抹光；另一种是以美国 CMI 公司的 SF 系列和德国维特根(Wirtgen)公司的 SP 系列为代表，先用螺旋布料器分料或者犁式布料器布料，由虚方控制板控制摊铺宽度上的水泥混凝土高度，然后通过内部振捣器振捣，再进入成型模板，最后通过超级抹平器抹平。前者可使水泥混凝土提早振实且水分上升，但对纵向上的密实度会带来影响，其优点是机械的纵向尺寸短，易于布置；后者纵向尺寸大，但能使水泥混凝土路面的摊铺质量得到保证。在这之后再根据其他条件选择适合工程的摊铺机。

表 6 以德国 Wirtgen 的 SP 850 为例介绍滑模摊铺机技术参数。

SP 850 型滑模摊铺机主要技术参数 表 6

发动机功率(kW)	224	最小摊铺宽度(mm)	2 500
标配质量(t)	29	最大摊铺宽度(mm)	9 000
摊铺速度(m/min)	0～6	最大摊铺厚度(mm)	450
行驶速度(m/min)	0～29	振捣棒最大数量(标配)(个)	24
履带个数(个)	4	振捣频率(r/min)	6 000～12 000
履带尺寸(mm)	1 840×300×660	最大摊铺宽度 9m 时的最大路拱(%)	3

6.2 振捣施工

滑模摊铺机的速度由摊铺机作业装置决定，主要由振动系统决定，而振动系统的目的是使水泥混凝土在摊铺作业过程中达到充分密实。通过对振动棒的分析可知混凝土的充分密实与振动棒的振动作用时间有关，而摊铺机的合理速度必须是在满足混凝土充分密实的前提条件下选择的，所以摊铺机的速度选择与振动棒的振动作用时间和振动棒的纵向作用距离等因素有关。

经过对水泥混凝土集料的研究分析，正常摊铺时，一般振动频率采用 9 000r/min 或 10 000r/min(如果是一些特殊情况下的水凝混凝土集料，要选择合适的振动频率)，应防止混凝土出现过振、欠振或漏振等现象。

实践证明：滑模摊铺机混凝土坍落度一般控制在 20～50mm，德国的 Wirtgen 对混凝土坍落度的要求为 10～30mm，美国的 CMI 和 COMACO 对混凝土坍落度的要求为 20～40mm。为了施工的顺利进行，必须在摊铺前检查混凝土坍落度以便于适用于机械设备。

6.3 混凝土路面养生施工

为防止混凝土路面出现塑性收缩裂缝，必须及时喷洒混凝土路面专用养护剂。在路面浇筑完成后，养生将成为影响水泥混凝土路面板早期行为的主要因素，是路面设计意图能否顺利实现的重要保证。

常见的混凝土养生形式主要有液态养护剂养生、塑料薄膜覆盖养生、草帘覆盖养生等。针对目前实际工程中常用的几种养生方式，通过现场试验对不同养生方式下水泥混凝土材料性能增长模型(以抗压强度作为代表)进行了研究。

研究中发现使用液态养护剂的混凝土，无论是在强度还是裂缝数量上均优于其他养生方式。采用液态养护剂养生的混凝土，不仅质量符合施工规范要求而且经养护剂养生的混凝土，表面形成一层致密的保护层，表面失水少，从而减少了混凝土的收缩和龟裂，强度有所提高，混凝土抗油性和抗化学腐蚀能力提高，减少或防止了新拌混凝土的碳化破坏，延长了路面的使用寿命。这是用草袋洒水养生路面无法比拟的。

7 传力杆安装施工

7.1 传力杆布设偏差

传力杆在施工过程中的布设偏差主要有三种情况：在水平面内存在偏差、在垂直面内存在偏差以及同时在水平面和垂直面内存在偏差。在水平面内的偏差又分为角度的偏差以及布设长度的偏差；在垂直面内的偏差又分为角度的偏差以及布设深度的偏差。

传力杆的传统施工方法有两种，即插入法和支架法。采用插入法来安装传力杆时，并不能使传力杆最终保持水平。这主要是由于:后续施工过程中的精平以及混凝土的干缩变形,再加上传力杆的自重使它在混凝土凝固之前还会有一定的沉降量;此外,由于混凝土本身并不是均匀的材料,因此导致传力杆的沉降也不均匀,因而使传力杆无法保持最终水平。为了克服插入法安装导致传力杆无法保持水平的缺点,现有施工过程中大都采用支架法施工,即用支架事先把传力杆安放在规定的位置上,在传力杆滑动的一端涂上黄油或者沥青,使传力杆不和混凝土粘在一起,然后进行摊铺。虽然支架法施工通过对支架的固定和传力杆的安放可以保证传力杆的水平、准确,但是会影响摊铺的速度;此外,由于支架法施工完全依赖于人工作业,还存在工人因疏忽忘记安放传力杆而造成工程隐患以及人为误差导致传力杆的摆放存在偏差等问题。传力杆布设偏差是一个普遍存在的问题。当传力杆布设存在偏差时,会导致传力杆在混凝土中不能自由滑动,最终将导致混凝土板的开裂。所以,如何减少和避免传力杆布设偏差成为当下一个需解决的问题。

7.2　全长度喷塑传力杆的使用

为保证传力杆在混凝土接缝处能够自由伸缩,准兴高速公路对传力杆采用了全长度喷塑处理。实践表明,通过使用喷塑传力杆,在传力杆布设空间位置准确的前提下,有效防止了断板和错台现象,增强缩缝的传荷能力,提高了路面板整体承载力。

8　填缝施工

8.1　扩缝

用切缝机把水泥混凝土路面原有的纵缝、缩缝进行扩、切,深度大于3cm,宽度7mm,锯缝机使用的锯片厚度不小于6mm。

8.2　冲洗和清缝

用机械钢丝刷进行缝内清刷,直至将污染及杂物彻底清刷干净。在确保缝内清洁、干燥的情况下,使用能够达到60N以上压力的压缩机,用软管连接直径3cm钢管,钢管前段砸扁并弯曲45°,前端加轴承托架,将其前段塞进缝中用高压气体将缝内的杂物、灰尘清除干净。用高压气枪吹缝时,由高往低方向吹,最终达到缝壁干净无污染。

9　结语

水泥混凝土路面在一些重载车辆较多的地方,具有很高的应用价值。针对内蒙古准格尔至兴和运煤重载高速公路的较厚厚度的水泥混凝土路面,通过对路面专用水泥、路面水泥混凝土专用施工助剂(高性能引气型复合外加剂)、混凝土振捣、传力杆的布设、混凝土的养生、填缝施工等方面进行研究和控制,取得了较好的效果,可以在以后的水泥混凝土路面施工中广泛应用。

参考文献

[1] 王选仓,王新歧,李春平,等.重载水泥混凝土路面研究[J].中国公路学报,1999,1.

[2] 王选仓,于伟,冯治安,等.重载水泥混凝土路面极限轴载计算方法[J].中国公路学报,2013,5.

[3] 蒋应军,戴学臻,陈忠达,等.重载水泥混凝土路面损坏机理及对策研究[J].公路交通科技,2005,7.

PC 连续箱梁体外束无损张拉施工技术

赵常青

（中交三公局第一工程有限公司　北京市　100012）

摘　要：体外预应力的施工，关键在于控制应力损失和保护预应力材料不受损坏。本文介绍了通过使用体外束无损张拉(ISNT)施工技术，可以确保张拉时体外束工作夹片、钢绞线环氧树脂保护层不受损坏，应力损失极小，锚固质量高，具有广泛的应用前景。

关键词：连续箱梁　体外束　无损　张拉

1　工程概况

1.1　桥型概况

内蒙古准兴运煤高速公路 A23 合同段 K187＋145 景家湾大桥（波形钢腹板 PC 连续箱梁桥），桥梁全长 449m，上部结构为 2×40m（装配式 T 梁）＋(44m＋3×80m＋44m)（波形钢腹板 PC 连续箱梁）＋40m（装配式 T 梁），箱形桥墩，群桩基础。桥梁设计荷载：公路—I 级的 1.3 倍，设计速度 80km/h。

1.2　体外束设置概况

该桥体外束采用 17—ϕ^s15.2mm 低松弛环氧涂层预应力钢绞线，设计总量 87t，张拉控制应力为 1 116MPa。左幅边跨布置 4 束，中跨布置 6 束；右幅边跨布置 6 束，中跨布置 8 束。边跨体外束一端锚在端横梁，另一端锚在墩顶横梁，采用单端张拉，张拉端设置在次边墩墩顶。中跨体外束分别锚在各墩顶横梁处，采用双端张拉。体外束的转向是通过预埋在跨间横隔梁中的转向器来实现，全桥合龙后开始张拉，顺序是先边跨后中跨。

2　施工工艺

2.1　施工工艺比选

体外束的施工对象是喷涂了环氧树脂的钢绞线，所以张拉方法较传统工艺有较大改进。

使用传统方法张拉体外束，将导致各股钢绞线应力不均匀、工作夹片倒齿剧烈磨损并残留环氧树脂、钢绞线环氧树脂保护层破损、应力损失过大等严重问题，施工质量难以保证。

体外束无损张拉技术在传统工艺基础上，对钢绞线进行预紧，增配一个体外束专用（或改造）小型穿心式千斤顶、一套工作锚具用于传递张拉力。该技术能够保护工作夹片及钢绞线环氧树脂的完好，应力损失极小，锚固质量高，张拉质量可靠。

2.2　无损张拉工艺原理

使用前卡式千斤顶按照设计张拉力的 5％作为钢绞线的初装拉力，对每股钢绞线进行预紧张拉，确保后续整体张拉效果。增加了一个体外束专用（或改造）小型穿心式千斤顶，设有前、后工具锚，张拉时应力在前、后工具锚间转换，使工作夹片不受应力作用。内部挤压板挤压工作夹片，使其剥落钢绞线环氧树脂保护层与钢丝接触，进行高质量锚固。

3 施工流程

3.1 施工准备

对新到场的预应力材料进行试验，张拉机具配套标定，辅助机具调试，编写张拉计算书，对施工队下发作业指导书并进行安全技术交底。

3.2 穿体外束

将体外束钢绞线编号穿过锚垫板及转向器。因体外束无管道定位，在箱内悬空，为减少钢绞线预紧后的材料浪费，对其在悬空最低点处使用支架托起。

3.3 安装锚具、夹片

剥除张拉端的环氧树脂，安装体外束专用锚具、夹片，各根钢绞线孔位对齐，锚具紧贴锚垫板。

3.4 安装千斤顶

依照图1进行张拉设备的装配工作。

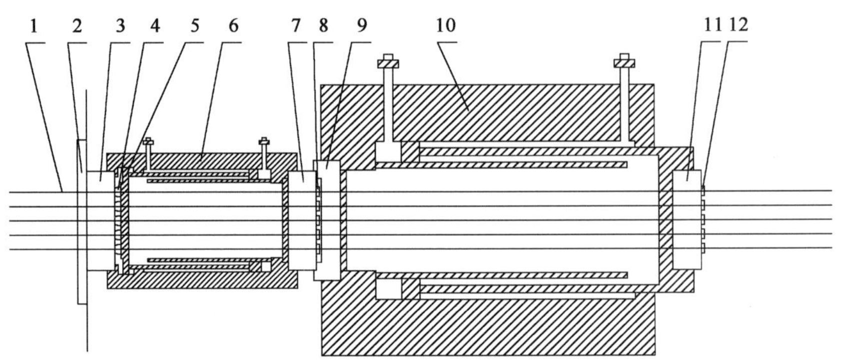

图1 张拉设备装配图

1-体外束钢绞线；2-锚垫板；3-工作锚具；4-工作夹片；5-挤压板；6-小型千斤顶；7-后工具锚具；8-后工具夹片；9-限位根；10-千斤顶；11-前工具锚具；12-前工具夹片

3.5 体外束单股预紧

使用前卡式千斤顶对每股钢绞线进行预紧张拉，张拉力控制以设计张拉力的5%作为初装拉力，张拉程序为：$0 \to 5\%\sigma_{con}$。

3.6 低应力锚固

预紧后，前卡式千斤顶缓慢回油，前工具夹片承受钢绞线反力，完成低应力锚固。

3.7 整体张拉

3.7.1 第一阶段

千斤顶开始工作时，工作夹片由小型千斤顶中的挤压板限位，后工具夹片由限位板限位，前工具夹片将千斤顶的应力传递给钢绞线进行张拉，此过程中后工具夹片不受应力作用，如图2所示。

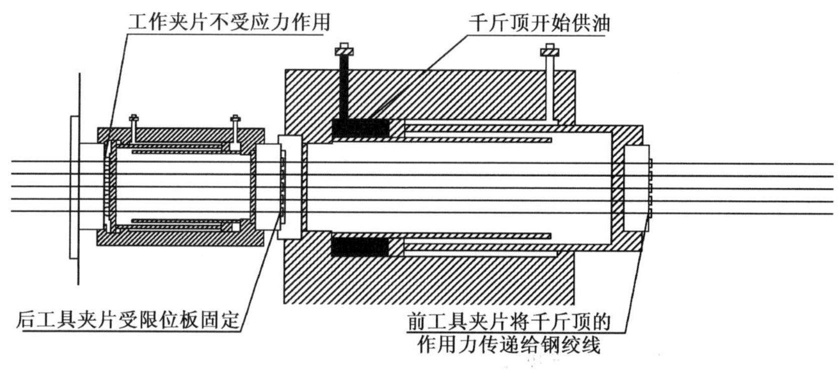

图2　整体张拉第一阶段示意图

3.7.2　第二阶段

千斤顶完成一个行程回油反顶时，前工具夹片极快地将应力传递给后工具夹片，由后工具夹片承受钢绞线的反力进行临时锚固工作，如图3所示。

3.7.3　第三阶段

前工具锚板及夹片使用圆管打紧完成倒顶工作，重复第一、二阶段的工序直至达到张拉设计吨位。

张拉倒顶的过程中，张拉力始终在前、后工具锚间转换，由后工具锚代替了工作锚受力，使工作夹片始终不受应力作用。

张拉程序为：$5\%\sigma_{con}$→$10\%\sigma_{con}$→$20\%\sigma_{con}$→倒顶→$100\%\sigma_{con}$→持荷5min。

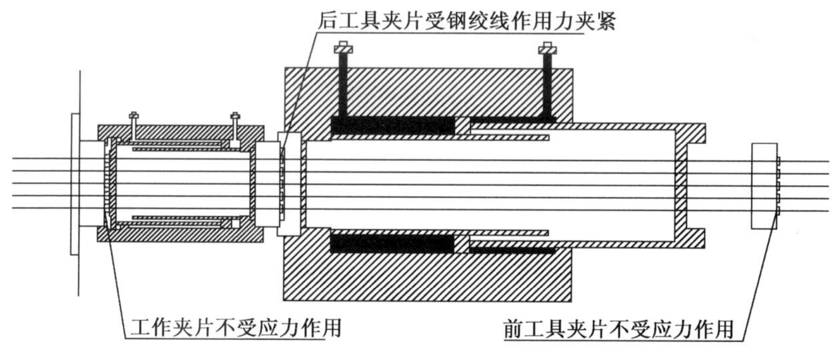

图3　整体张拉第二阶段示意图

3.8　计算伸长量

通过现场实测数据计算钢绞线伸长量。根据双控原则，实际伸长值应不超过理论值±6%，否则停止施工，查明原因并采取措施。

3.9　反顶锚固

小型千斤顶开始泵油工作，当油表读数突然增大时，内置挤压板挤压工作夹片，使其剥落钢绞线环氧树脂保护层并与钢丝严密接触，此时立即停止泵油并缓慢回油反顶，挤压板回位，如图4所示。随后大千斤顶缓慢回油反顶，使钢绞线逐渐加大对工作夹片施加的应力，进行高质量锚固。卸顶后，拧紧工作锚具的螺丝锁死工作夹片，完成全部锚固工作。

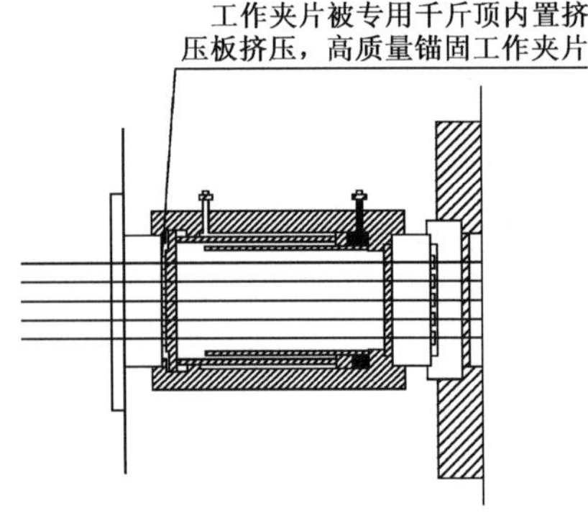

图4　小型千斤顶锚固示意图

4　过程监控

4.1　检测点的布设

4.1.1　挠度测点

在各桥跨的墩顶、$L/8$、$L/4$、$3L/8$、$L/2$（L 为跨径长度）断面上各布置3个高程观测点，分别位于桥面上游侧、下游侧及桥中线处，这样不仅能测量箱梁的挠度，同时还可以观察箱梁是否发生扭转变形。

4.1.2　应力测点

选择具有代表性的体外束，使用压力传感器测量张拉力，实时掌控体外束的应力变化及应力损失规律。对体外预应力束墩顶锚固区转向器及跨中横梁转向器进行局部应力测试，同时观察关键截面的应变，掌握体外束施工过程中桥梁上部结构的受力状态。

4.2　挠度监测

在变形监测的基准点采用全站仪周期性地对桥面监测点进行监测。不同工况下，同一监测点高程的变化（差值）代表了该箱梁在这一施工阶段的挠度变形。

体外束张拉引起的箱梁起拱现象不会立即发生，而是张拉后4～6h内逐渐形成，因此，张拉阶段的挠度观测应安排在张拉6h后的清晨进行，用以完整反映张拉引起的箱梁挠度变形。

4.3　应力监测

截面应力监测是施工安全的预警系统，体外束张拉过程中断面应力值不断变化，某一时刻的应力是否与分析值一致，是判断安全施工的关键。

原始数据的采集分为4个阶段：体外束张拉前、体外束预紧后、体外束张拉过程中、设置减振装置后。

根据应力测点的埋设，使用应力计便可测得实际施工阶段箱梁内的应力变化，以此对结构的安全性能进行监测。

5　结语

体外束无损张拉施工技术广泛适用于体外预应力桥梁的建设，普通桥梁的体外预应力维修、加固，也可推广应用于对张拉质量有较高要求的体内预应力工程。通过应用分析，无损张拉法与常规方法操作人数相同，技术程度高，操作简便，能够有效保证预应力的施工质量，降低张拉后的预应力损失，保护环氧树脂保护层及工作夹片完好，延长体外束的使用寿命和更换周期，具有广泛的推广应用价值。

参考文献

[1]　宋伟.钢箱梁预应力体外束施工[J].交通标准化，2008，9：20-23.

[2]　李晨光.无粘结与体外预应力混凝土结构设计与施工研究[J].施工技术，1997，12：7-8.

[3]　张继文，吕志涛.预应力加固钢筋混凝土连续梁的试验研究[J].建筑结构，1995，3：20-25.

[4]　深圳市市政设计研究院有限公司.准兴至兴和运煤高速公路景家湾大桥（主桥）施工图设计文件，2012.

波形钢腹板 PC 组合箱梁桥施工质量控制

李春盛

（中交三公局第一工程有限公司　北京市　100012）

摘　要:波形钢腹板 PC 组合箱梁桥作为一种新型结构,在国内逐步得到推广应用,本文结合工程实例,对其施工质量控制要点进行总结。

关键词:波形钢腹板　施工质量控制

1　工程概况

1.1　桥型概况

内蒙古准兴运煤高速公路 A23 合同段 K187+145 景家湾大桥(波形钢腹板 PC 连续箱梁桥),桥梁全长 449m,上部结构为 2×40m(装配式 T 梁)+(44m+3×80m+44m)(波形钢腹板 PC 连续箱梁)+40m(装配式 T 梁),箱形桥墩,群桩基础。桥梁设计荷载:公路—I 级的 1.3 倍,设计速度 80km/h。

1.2　结构设计

上部结构为五跨波形钢腹板预应力混凝土连续箱梁,刚构体系。单幅主桥箱梁采用单箱单室断面,主梁顶底板采用 C50 混凝土,钢腹板采用 Q345E 钢材。根部梁高 5m,跨高比1/16;跨中及边墩处梁高 2.7m,高跨比 1/29.63。左幅箱梁顶板宽度为 12.75m,底板宽度为6.25m。悬挑长度 3.25m,悬挑端部厚 0.2m,根部厚 0.65m,顶板厚 0.28m,底板厚 0.28～0.75m,梁高及底板厚均按 2 次抛物线变化。右幅箱梁顶板宽度为 14.5m,底板宽度为 8m。悬挑长度 3.25m,悬挑端部厚 0.2m,根部厚 0.65m,顶板厚 0.3m,底板厚 0.3～075m,梁高及底板厚均按 2 次抛物线变化。左幅波形钢腹板厚度为 10～20mm,右幅波形钢腹板厚度为 12～22mm,波形均采用 1600 型,波板水平幅宽 430mm,斜幅宽 430mm,斜幅水平方向长 370mm,波高 220mm。波形钢板与混凝土顶板用 Twin-PBL 连接,其中翼缘钢板厚 16mm,宽 450mm,开孔钢板厚 16mm,高 160mm,开椭圆形孔(长轴 60mm,短轴 50mm),孔间距 150mm,贯穿筋 ϕ28mm;与混凝土底板的连接采用埋入式连接,埋入深度 300mm,贯穿钢筋 ϕ28mm;波形钢腹板节段间纵向连接采用搭接连接贴脚焊接连接的方式,使用高强螺栓进行临时固结。

2　质量控制要点

2.1　悬浇挂篮

挂篮作为悬浇体系的主要承重构件,要重点加强对挂篮桁架体系横向稳定性验算、吊杆和连接件变形验算及锚固系统的稳定性验算等,特别在横纵坡双重影响下的挂篮悬浇桥梁中尤为重要。若现场施工条件允许，则波形钢腹板的安装使用塔吊直接提升就位，否则挂篮应增设主桁系统中的波形钢腹板安装系统，其主要由横纵向行走系统、竖向升降系统及钢腹板桥面纵向运输小车等组成，其中行走及升降系统协调配合完成各施工节段的波形钢腹板纵横向移位和竖向精确定位。挂篮制作中要格外注意箱梁顶板下模板体系的横向稳定，必须设置横、斜向支撑，以防在横坡及箱梁翼缘板根部变截面双重作用下产生水平分力导致模板侧向失稳，而这是最容易忽视的问题。此外，在挂篮设计时，应结合施工图纸中墩顶支架现浇段或托架现浇段的长度合理确定挂篮行走系统的几何尺寸，如内滑梁、行走轨道的长度等，尽量使现浇段完成后两侧可同时对称安装挂篮，从而避免因现浇段长度不够造成对称施工的挂篮不能一次安装到位而影响施工进度等问题(图 1)。

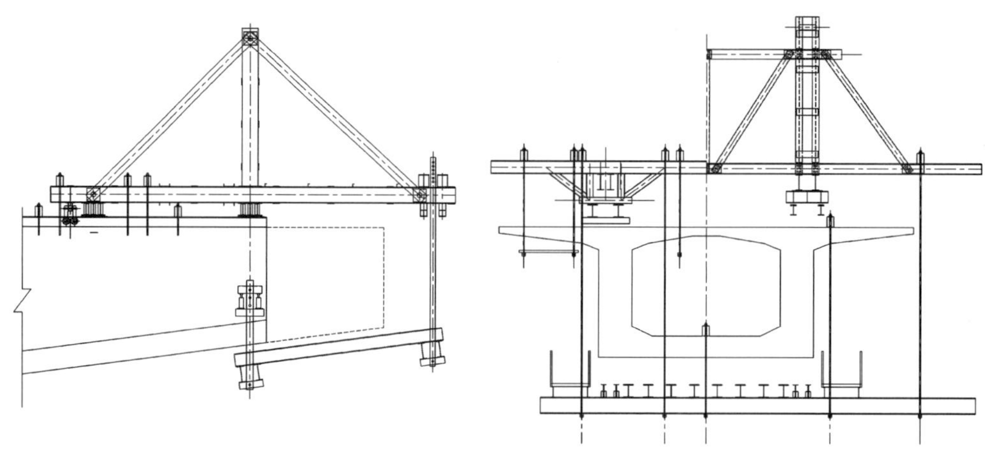

图 1　挂篮总体布置图

2.2　波形钢腹板的定位

如现场施工条件允许，可由塔吊直接提升波形钢腹板配合人工进行安装(图 2)。若使用波形钢腹板安装系统，则波形钢腹板的垂直起吊采用塔吊将波形钢板由存储车间吊至相邻已完成节段箱梁顶面，放置于由型钢焊接而成的专用滑车上，通过行走滑车将波形钢腹板送抵挂篮下方，波形钢腹板的横纵向移动均由滑车实现。悬臂施工段波形钢腹板的安装采用桁架上所安装的电动葫芦进行垂直起吊、就位及纵向调整安装。选定对应节段的波形钢腹板，认真复

图 2　塔吊提升安装钢腹板

核其实际尺寸。波形钢腹板前端垂直起吊，通过行走轨道，将波形钢腹板运至安装部位，设计挂篮时电动葫芦吊点位于波形钢腹板中心轴线处，故纵向定位安装较为简便。整个吊装过程中要严格控制电葫芦行进速度，防止波形钢腹板在空中产生过大摆动或磕碰钢筋和模板。

计算好波形钢腹板3个点位的空间坐标，严格按照监控单位下达的指令以全站仪和高精密水准仪对其空间位置进行定位，采用挂绳法将波形钢腹板的基本位置放出，而后将波形钢腹板在线绳处吊放，基本就位后，用全站仪和高精密水准仪采用三点法精确定位波形钢腹板；用可调式钢管支架体系制成模型调整钢腹板倾斜度，用支撑钢架上的微调螺杆以及倒链调整每块钢腹板水平位置，采用液压千斤顶调整竖向位置。波形钢腹板微调完毕后，对节段间钢腹板进行纵向连接，重点注意先采用高强度螺栓进行临时固结，然后进行贴脚焊接，有效消除焊接所造成的温度应力对节段拼接处的影响。

2.3 波形钢腹板与顶底板的连接

波形钢腹板与顶板连接采用PBL键。波形钢腹板定位准确无误后，方可安装贯穿钢筋，此时需注意凡在波形钢腹板处的相关钢筋必须在完成波形钢腹板定位后方可进行钢筋绑扎。因此确定钢筋绑扎顺序尤为重要，必须设专人对贯穿钢筋与箱梁普通钢筋冲突的部位进行调整。混凝土通过穿过波形钢腹板上的穿孔形成混凝土销，穿过波形钢腹板孔洞的贯穿钢筋以及焊接在上、下缘的纵向连接钢筋实现了整体波形钢腹板定位。贯穿钢筋应居于孔洞中心，且垂直于连接钢筋，通过普通钢筋对其进行定位，检查对位后，两端与构造钢筋采用双线1.5mm圆丝十字交叉绑扎固定，确保牢固(图3)。

图3 波形钢腹板与底板的连接

2.4 波形钢腹板的纵向连接

波形钢腹板的纵向连接节段内采用二保焊的方法进行连接，节段与节段之间的纵向连接只能在悬臂施工中完成。为保证该处立焊焊接质量，现场必须做好防风措施，焊接严格遵守《钢结构工程施工质量验收规范》。

2.5 波形钢腹板与横隔板

波形钢腹板与横隔板连接采用PBL键连接，穿入贯穿钢筋，其剪力通过剪力钉和贯穿钢筋传递。为增强梁体的整体抗扭刚度，跨径方向应设置横隔板。因其与悬臂施工桁架及其模板位置冲突，故在悬臂施工桁架移出隔板所在节段后对其立模浇筑，但在此段施工时必须预埋横隔板钢筋、转向器和预埋保护筒等构件。在钢筋制作成型中间及时安装好穿体外索的喇叭筒锚具,按箱梁设计的体外索曲线准确定位。固定时可用绳索穿入转向器和喇叭筒内拉紧现场校核。要特别注意同一编号的锚具、转向器在纵向必须位于同一直线上。浇筑前转向器两端必须用胶布封闭,防止在浇筑过程中混凝土堵塞转向器,给穿索带来不必要的困难。

2.6 波形钢腹板的保护

波形钢腹板在运输、存放、安装过程中必须严格保护,防止发生焊伤、砸伤、扭曲变形等问题,造成附加应力的产生。安装波形钢腹板时,其上不得粘贴胶布、存在油污或其他杂物。浇筑混凝土前必须对其进行贴布处理,以防止污染波形钢腹板,进而影响防腐涂装质量。埋入混凝土的波形钢腹板不得有油污,并在浇筑混凝土前,清除铁锈、焊渣、泥土和其他杂物,并对外露钢腹板进行贴布处理,防止污染钢腹板或破坏钢腹板底漆和中间封闭漆。波形钢腹板防腐体系在工厂内完成底漆、中间封闭漆,待全桥合龙并完成体外预应力施工后进行面漆涂装。

3 施工监控

3.1 施工监控的目的

(1)通过对关键部位和重要工序的严格监测和控制,准确给定和及时调整立模高程,优化施工工艺,简化施工流程,使成桥后的结构线形和内力满足设计要求。

(2)通过有限元方法理论计算和施工线形测量相结合,进行高程偏差调整和预测,得到合理的施工预拱度,使桥梁的线形控制在(或接近)设计线形。消除可能对结构安全和施工安全产生的不利因素。

3.2 施工监控内容

应力观测的主要内容包括主梁箱梁纵向应力和波形钢腹板竖向应力的观测。监测主要按照应变测试原理,在箱梁截面内埋设应变计,箱梁应变由应变计感应,经过导线传递至读数仪,采集并记录数据,在数据处理后得出箱梁的应力及其分布。为保证应力监测的可靠性与精度,应力监测的所有测点均采用振弦式传感器和采集器。

3.3 测点布置

应变测点主要布置于 1/4 跨、1/3跨、跨中及支点截面。钢腹板应变沿纵向布置在支点、1/4跨、1/3 跨及跨中处,在支点处布置两列测点,即布置在临近支点的两个波面上;1/4 跨、1/3 跨和跨中均布置 4 列测点,即分布在临近这些控制点的 4 个波面上。

挠度观测采用在箱梁的 $L/4$、$L/2$(L 为跨径长度)及支点位置沿横向对称布置百分表。

3.4 主梁的理论应变及理论挠度计算

通过采用平面杆系有限元程序对主梁结构在不同阶段的载荷作用下各截面的理论应变和理论挠度及内力进行计算,此项工作由监测单位进行。

3.5 施工监控结论

景家湾大桥波形钢腹板箱梁施工监控的结果表明,该桥施工完毕后,应力及挠度的实测结果与理论计算值较为吻合。该桥在永久作用下的恒载状态满足设计要求,说明通过以上监控措施为桥梁施工过程中各工况提供了参数依据,消除了过程中可能对结构安全和施工安全产生的不利因素,有效保证了施工质量和结构安全,取得了实际效果。

4 结语

虽然波形钢腹板组合箱梁桥在我国桥梁工程中应用时间不长,但波形钢腹板组合箱梁的结构设计合理、施工简便易行。通过景家湾大桥的工程实践,采用上述质量控制措施取得了良好的效果,为同类桥梁的施工质量控制提供了借鉴。

参考文献

[1] 夏志强,陈松柏.波形钢腹板安装精度控制[J].桥隧工程,2014,8.

[2] 姬同庚.大跨径波形钢腹板连续箱梁桥设计与施工关键技术[J].世界桥梁,2014,42.

大跨度悬索桥主缆索股双线往复式门架牵引技术研究

曾魏兰　王书涛

（中交三公局第一工程有限公司　北京市　100012）

摘　要：本文通过对大跨度悬索桥主缆 PPWS 法的双线往复式门架牵引技术的研究，从牵引系统的设计、计算、施工方面进行了分析讨论，对以后的大跨度悬索桥主缆架设施工有很好的借鉴作用。

关键词：悬索桥　主缆索股　牵引技术　研究

1　前言

悬索桥是以悬索为主要承重结构的桥梁类型，主要由主缆、桥塔、锚碇、加劲梁和吊索组成，构造简单，受力明确。悬索桥主缆由若干束索股组成，每束索股由 127 丝 ϕ5.25mm 高强镀锌钢丝组成。在国内，一般采用预制平行钢丝索股逐根架设的方法（PPWS）施工。大跨度悬索桥由于跨度大，索股长，单根索股质量较大，如宜昌长江大桥（主跨 960m）单根索股质量 32.1t，江阴长江大桥（主跨 1 385m）单根索股质量 50.0t，润扬长江大桥（主跨 1 490m）单根索股质量 56.7t，西堠门大桥（主跨 1 650m）单根索股质量 62.15t。

牵引系统是悬索桥主缆施工猫道和主缆架设过程中必不可少的临时结构，其架设形成过程和工作状态与猫道结构形式、牵引机具、构件布置、牵引方式、牵引速度等有密切关系，牵引系统的设计形式将直接影响猫道与主缆索股的施工质量、施工安全和施工进度。主缆 PPWS 法常用的牵引方式有门架拽拉器牵引方式、架空索道牵引技术、轨道小车牵引技术、双线往复式门架牵引技术等等。

2　双线往复式门架拽拉牵引技术原理

双线往复式门架拽拉牵引技术是在单线往复式门架拽拉牵引技术的基础上发展起来的。由于单线往复式门架拽拉牵引技术每一个牵引周期都包含一个拽拉空载回程，效率不高。为了消除拽拉器空载回程，加快施工速度，将该系统中的副卷扬机移到主卷扬机一侧，并在原副卷扬机岸的锚碇后设置转向滑轮，使牵引索在此转向 180°，再增加一个拽拉器并加大副卷扬机的吨位，满足牵引主缆索股的要求。系统中的两个拽拉器一个处于牵引行程，另外一个拽拉器空载回程，两者交替牵引施工，系统运行的每一个阶段都有拽拉器在牵引主缆索股，加快了施工速度。日本的明石海峡大桥和我国润扬长江大桥、西堠门大桥牵引系统都采用了双线往复式牵引技术。

3　双线往复式门架拽拉牵引系统设计

双线往复式门架拽拉牵引技术是对应每根主缆安装两台大吨位卷扬机，牵引索从一岸锚碇通过猫道一侧门架导轮组到达另一岸锚碇，经另一岸锚碇尾部的转向轮转向，从同一猫道的另一侧门架导轮组回到原来的锚碇，形成一套双线往复式牵引系统。

3.1 牵引系统总体布置(图1)

往复式牵引系统主牵引卷扬机、放索机构、存索区等分别布置在两岸锚碇后的地面上，这样既降低了对牵引卷扬机的能力要求，又克服了同侧布置时场地拥挤的矛盾。在存索区根据每根索股的重量，设置两台满足起重要求的龙门吊机，以满足场内运输装卸的需要。全桥上下游各布设1套牵引系统，每套牵引系统由两部分组成：第一部分为南锚后锚面门架至北锚后锚面门架之间的主牵引部分，采用大功率卷扬机牵引；第二部分为放索机构至南锚后锚面门架段短距离的辅助牵引部分，采用5t卷扬机牵引。

主牵引部分由北锚后两台大功率牵引卷扬机、转向轮、3根牵引索、两个拽拉器以及各种导轮组等构成，导轮组包括散索鞍门架导轮组、猫道门架导轮组和塔顶门架导轮组；1号、2号、3号3根牵引索通过两个拽拉器相连，并绕过南锚碇上的转向轮，将1号、3号索的两个绳头分别与北锚后的两台卷扬机相连。辅助牵引部分由放索机构、南锚后锚面门架上的卷扬机、牵引索导组挂架、索股上锚通道桥和滚轮组成。考虑猫道结构形式、施工场地、施工工期、索盘运输以及道路状况等因素，将牵引卷扬机布置在北锚后部地面上。对应每根主缆安装两台大吨位卷扬机，牵引索从北锚通过猫道一侧门架导轮组到达南锚，经南锚尾部的转向轮转向，从同一猫道的另一侧门架导轮组回到北锚，形成一套双线往复式牵引系统。

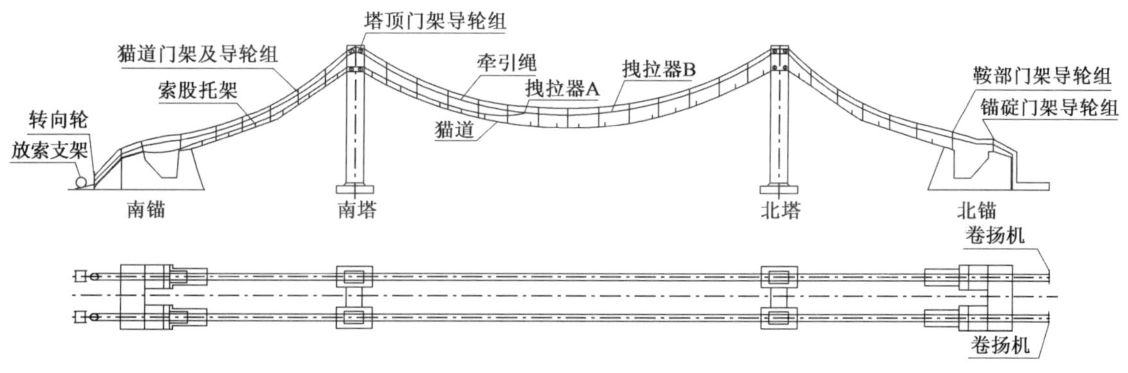

图1 某大桥双线往复式门架拽拉牵引系统布置图

3.2 牵引系统结构构件组成

主缆索股往复式门架架设系统关键设备由牵引卷扬机、主缆存放索系统、导轮组、拽拉器、门架、托滚等组成。主缆索股的牵引是在猫道架设完成后进行的，利用拽拉器牵拉索股锚头在猫道上前行，为了保证索股的运行需要设置若干门架，塔顶、散索鞍设置门架及相应门架导轮组，系统牵引运行稳定、速度快。

卷扬机作为整个牵引系统的动力来源，是整个系统的关键设备。由于结构跨径大，导轮组、托滚放置较多，牵引索股需克服较大摩阻力。因此，在放索区必须采用大吨位卷扬机，同时在对岸一侧转向轮还要额外增加驱动装置，以提供足够的牵引力。

猫道门架是按照一定的间隔均匀布置在猫道上，用来支承牵引索并减小牵引索的跨度，猫道上每隔50m设置一道型钢门架，每隔8m布设一个托滚，索股锚头与牵引系统拽拉器挂接，使得索股前段约10m长悬在空中运行，其后支承在滚筒上运行。导轮组包括塔顶门架导轮组、猫道门架导轮组、锚碇支墩门架导轮组，作用是支撑牵引索，使牵引索线形流畅，便于拽拉器平缓通过，减少牵引索疲劳损伤。为防止索股散丝，可加密塔顶、散索鞍支墩位置处的托滚，在不影响索股横移入鞍的情况下，尽可能增大塔顶、散索鞍支墩处索股滚筒所组成的曲线的竖向曲率半径。

拽拉器是采用楔形连接板固定钢丝绳构造形式，主要部分由大楔形接头、小楔形接头、三脚架等组成。拽拉器是将分段牵引索连接起来，索股锚头与拽拉器挂接，拽拉器将牵引力传递到索股，用于猫道上牵引架设索股；牵引系统工作时，牵引索在猫道（含塔顶）上布设的门架导轮组中行进，导轮组由托轮和压轮组成。为防止牵引索行进中脱出导轮，托轮与压轮轮缘间隙小于牵引索绳径，因此拽拉器还应在牵引过程中能平滑通过导轮组的托轮压轮间的空间。拽拉器要求构件的强度大，能够承受大吨位的拉力。

3.3 牵引系统牵引力的计算

牵引系统主要分为牵引系统架设、猫道系统架设和主缆架设 3 个工况。在架设托架承重绳、猫道承重索、猫道面层和主缆索股的过程中，猫道承重索的牵引力最大。由于猫道承重索与主缆索股是一套牵引系统，因此，可以将猫道承重索需要的牵引力作为选择牵引卷扬机吨位的依据。

为了简化计算，根据抛物线计算理论，主牵引卷扬机的最大牵引力为：

$$T_{\max} = k(T_1 + T_2) f^a \qquad T_1 = T_2 f^b$$

$$T_2 = (q_m L/2)\sqrt{1 + L^2/(16 f_{\text{mmax}}^2)}$$

$$T_z = (q_z L/2)\sqrt{1 - L^2/(16 f_{\text{zmax}}^2)}$$

式中：k——动力放大系数；

f——定滑轮的总阻力系数；

a——拽拉器至主卷扬机之间的定滑轮数（个）；

b——拽拉器至副卷扬机之间的定滑轮数（个）；

q_m——猫道承重绳单位长度质量（kg/m）；

L——中跨水平跨距（m）；

f_{mmax}——猫道承重索的允许垂度（m）；

T_z——牵引托架承重绳时副牵引卷扬机设定的反拉力（N）；

q_z——主牵引索单位长度质量（kg/m）；

f_{zmax}——牵引索中跨跨中的允许垂度（m）。

4 双线往复式门架拽拉牵引系统施工

在猫道架设完成后，在两岸锚后预先设置的预埋件上安装牵引系统转向轮，在猫道面层上安放托滚；塔顶门架导轮组移位，安装猫道门架及导轮组；将 1 号、2 号、3 号牵引索通过拽拉器连接，牵引索置于门架导轮组内，调整牵引索高度。以不同速度进行牵引，观察拽拉器、牵引索通过各导轮的状况，并调整至最佳位置，即完成双线往复式牵引系统架设。

索股架设工艺流程为：索股架设准备→安装索盘→索股锚头引出并与拽拉器连接→索股牵引至另一岸→索股横移→索股在主索鞍、散索鞍处整形入鞍→索股在两岸锚头临时锚固→索股向上抬高量确认→索股中、边跨垂度调整→索股在主索鞍、散索鞍处固定→索股锚跨张拉调整后锚头锚固→后续索股架设。

索股架设完成后，还要通过索股横移、索股整形、索股入鞍、索股垂度调整、锚碇索股张力调整等措施，以确保索股的线形和应力与设计一致。

5 结语

通过润扬长江大桥、西堠门大桥、阳逻长江大桥等多座大跨度悬索桥的应用，双线往复门架牵引架设主缆方式，曾实现一天架设 8 根主缆索股的纪录。双线往复门架牵引方式因牵引索双向往复均可牵引索股，牵引索往返没有空行程，并且通过门架在空中拖拽以及通过在猫道上的托滚上面滑动，具有施工安全、牵引效率高、能耗低等优势，具有很好的借鉴意义。

参考文献

[1] 王武勤. 大跨度悬索桥主缆架设施工技术[J]. 施工技术，1998，6.
[2] 徐君兰. 悬索桥[M]. 北京：人民交通出版社，2001，8.
[3] 吴先树. 江阴大桥猫道及主缆索股设计与施工特点[J]. 国外桥梁，2000，3.
[4] 张腾. 特大跨径悬索桥主缆索股架设牵引技术研究[J]. 公路交通科技，2007，11.
[5] 黄平明，梅葵花，徐岳. 大跨径悬索桥主缆系统施工控制计算[J]. 西安公路交通大学学报，2000，10.
[6] 薛光雄，牛亚洲，程建新，等. 润扬大桥悬索桥主缆架设施工技术[J]. 桥梁建设，2004，4.
[7] 薛光雄，金仓，杜洪池，等. 润扬大桥悬索桥牵引系统设计与施工[J]. 桥梁建设，2004，4.

旋挖钻机在不良地质条件下深孔桩基施工

夏　灿

（中交三公局第一工程有限公司　北京市　100012）

摘　要　我国在20世纪80年代初开始从日本引进旋挖钻机技术，在90年代开始形成规模生产应用，在青藏铁路及北京奥运工程的带动下，市场认知度开始逐渐提高。旋挖钻机在建筑市场得到广泛应用，但在不良地质条件下的应用经常出现成孔坍塌、缩孔、倾斜等问题。本文通过钱江通道南接线第九合同段工程中，对在透水性强的粉砂层和强度低、含水率高的淤泥质软土地质构造复杂的条件下，采用旋挖钻机成孔的施工技术方法，在施工过程中对泥浆选择、施工技术、工艺、质量控制进行研究，较好地解决了旋挖钻机在不良地质条件下施工中塌孔、缩孔、倾斜的难题，取得了很好的效果。

关键词：旋挖钻机　不良地质　深孔桩基　施工

1　引言

钱江通道南接线第九合同段起点桩号为K35＋627.4，终点桩号K37＋902.5，合同段长2 275.1m。合同段全部为高架桥，其中互通区主线高架桥1 435.1m，其余为非互通区高架桥，桥梁标准断面宽33m，按六车道分布，设计速度为100km/h，桥梁桩基共有728根，平均桩长80m，成孔深度80～102m，桩径为130～200cm。工程地质走廊内为冲海积平原，项目存在的不良地质及特殊性岩土为：砂土液化、软土、浅层沼气。地层浅部为灰黄色粉土、粉砂，厚度17.5～21.5m；中部为灰色淤泥质粉质黏土、软塑粉质黏土为主，具层理，夹薄层粉土、粉砂，含团块状粉砂，厚度31.3～40.2m；底部为粉砂，局部为中砂、砾砂，厚度较大，埋深51.8～59.6m，夹可塑状粉质黏土，再往下多为渗水性大的圆卵砂砾层。我们在分析本工程桥梁桩长、孔深、地质条件复杂、工期短的情况下，确定使用三一牌SR280C、XR260D等型号旋挖钻机，采用旋挖钻机泥浆护壁成孔施工技术方法，选用中、高黏性化学泥浆，制定了相应施工技术措施。

2　软弱地质桩基施工钻机选择

采用反循环回旋钻机施工，存在施工周期长、易塌孔和缩孔、清底时间长、钻机移位难、易产生泥浆渗入混凝土隔层后断桩、产生泥浆量大（在生态环保要求高的旅游城市消化难度大）等缺点。我们决定对桩基施工采用旋挖钻机施工技术，其特点：

（1）成孔速度快，是普通循环回旋钻机的4倍以上，有效地保证了工程进度。

（2）对不同地质情况的适应性强，适用广泛。

（3）液压履带式伸缩底盘移位方便，具有良好的整机稳定性和机动性能。

(4)配有电子自动控制系统装置,定位速度快、准确度高。

(5)对钻孔深度、垂直度等操作能自动控制。

(6)钻机自带动力,施工时不受场地、供电限制。

(7)操作简单、安全、震动小、噪声低。

(8)钻渣可以通过钻斗旋挖直接装车运走,无须沉淀,节约用地和减少施工环境污染。

(9)旋挖钻进为干式或无循环泥浆钻进,所用泥浆量仅为正反循环钻进的1/10~1/20,施工现场整洁,对环境造成的污染小。

3 钻孔施工

3.1 施工准备

(1)复核设计图纸对桩基定位是否正确;采用全站仪进行现场放样,并在现场对桩位建立测量控制网。

(2)施工前先对桩位周围场地进行平整,修建加固施工平台,防止钻机作业时产生沉陷;修通支线便道,确保施工机具、材料运送。

(3)钻机定位。操作人员先将钻机行走至工作平台,利用电子控制系统对钻机桅杆与机身水平和垂直度进行调整定位;钻机定位后,对稳固性、竖直度、水平线、中心偏差进行检查,钻头中心与桩位中心误差在10mm以内。

(4)护筒制作、埋设。护筒埋设主要是防止孔口、孔壁坍塌,隔离地面散落物。钻机定位后,钻头对准桩位中心,旋挖至埋设深度,提起钻头,下放护筒。护筒用8mm厚的钢板制作,长度6m,其内径大于桩径200~300mm,护筒顶端高出地面30cm,并焊接10mm厚的加强箍;护筒埋设位置准确、稳定、保持垂直,护筒平面控制偏移不大于5cm,斜率不大于1%;护筒周围1m范围内的土体确保密实,防止外界地表水侵蚀孔壁。

(5)针对旋挖钻机施工速度较快的特点,钻孔顺序安排与相邻墩位桩基跳开施工;无法避开时,待相邻钻孔桩混凝土强度达到2.5MPa以上方可施工,避免损伤相邻桩基的养生期质量。

(6)钻机开钻前,做好设备、泥浆配制、备料、保障措施等准备工作;钻进应根据不同层次的地质结构选择不同的转速和进尺,经常观察钻机工作状况。

(7)编制对钻孔过程中出现的沉陷、倾斜、坍塌、缩孔等隐患的应急处理预案。

(8)钻进过程中要防止欠挖和超挖,每进深2m进行成孔的孔位、孔径、垂直度、地质等情况的检查和记录。

(9)钻斗出渣或停钻后应及时向孔内补充泥浆,保持孔内水头高度和控制泥浆相对密度及黏度。

3.2 旋挖钻机桩基施工流程图(图1)

3.3 泥浆选择

钻机成孔时,因地层压力的影响,孔壁发生变化,泥浆可以控制其变形,防止孔壁的缩颈和坍塌。项目针对地质情况选用了聚合物化学泥浆护壁,主要材料选用高性能钠质膨润土,助剂羧甲基纤维素钠(CMC)或聚丙烯酰胺(PHP)和碳酸钠(Na_2CO_3),其优点是:

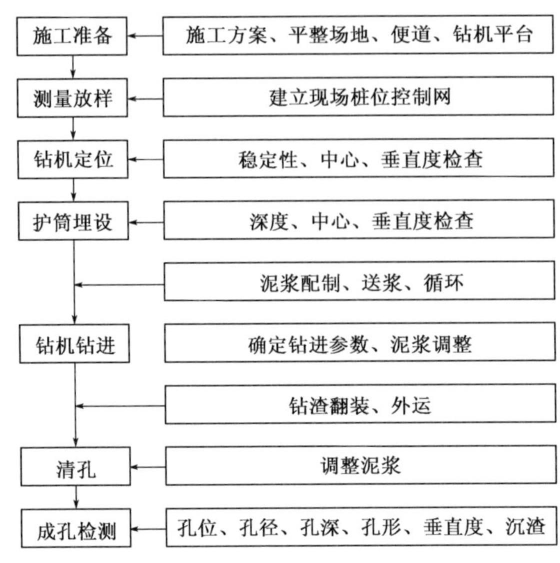

图 1　旋挖钻机桩基施工流程图

(1)有很好的护壁防塌和吸附钻屑的效果,加快沉淀速度和减小沉渣厚度。

(2)黏稠度高、维持时间长。

(3)减少孔壁塌方、桩体缩颈、断桩发生。

(4)使用便利,缩短制浆时间。

(5)浆体含砂率低,可以自行清洁,与混凝土自行分离,延长钻头寿命,提高混凝土的浇筑质量。

(6)无毒、无味、无污染,不产生废泥浆,可循环使用,是环保产品。

3.3.1　泥浆配制

根据桩基及土层情况,经过反复试验,确定泥浆指标和配合比,实施时根据成孔进深土层地质变化,做到随时调整。以助剂羧甲基纤维素钠(CMC)和碳酸钠(Na_2CO_3)配制的泥浆,其各项性能指标见表 1 和表 2。

泥浆材料用量　　表 1

地质情况	泥浆材料用量				
	水	黏土(%)	膨润土(%)	CMC(%)	Na_2CO_3(%)
一般地层	1	75	8~10	8~10	15~50
软弱地层	1	75	8~10	8~12	20~55
砂砾地层	1	75	≤4	10~13	24~55

泥浆性能指标　　表 2

地质情况	泥浆性能指标					
	相对密度	黏度(s)	含砂率(%)	胶体率(%)	失水率(%)	酸碱度
一般地层	1.03~1.06	18~28	<4	≥95	≥20	8~10
软弱地层	1.05~1.15	18~28	<4	≥95	≥20	8~10
砂砾地层	1.10~1.20	20~35	<4	≥95	≥20	8~10

泥皮厚大于 3mm/30min。

3.3.2 泥浆循环使用要求

泥浆在循环使用中，对超过下列指标的泥浆应作废浆处理：黏度大于 40s，相对密度大于 1.4g/cm^3，含砂率大于 6%，pH 大于 13。

3.4 清孔

施工中虽然采用的是聚合物化学泥浆，其本身的快速沉淀钻屑性能，在成孔时孔内悬浮钻屑已经非常少了，但是为保证质量万无一失，钻孔结束后对孔底清渣也是保证桩基质量的一道非常重要的工序。清孔的主要目的是清除沉渣及调整泥浆指标，使孔底沉渣厚度达到规范要求和满足设计承载力的要求，一般沉渣厚度小于 5cm；当钻孔达到设计深度时，即开始清孔。清孔时将钻头提离孔底 25cm 左右，钻机慢速空转，保持泥浆正常循环，适当调整泥浆指标，黏度 17～20s，相对密度 1.05～1.10，含砂率小于 2%。清孔后应检查孔位、孔深、孔径、孔形、垂直度和孔底地质、沉淀厚度，各项指标必须符合有关要求。检查合格后应在半小时内开始进行灌注桩基混凝土。

3.5 钢筋笼吊放

（1）钢筋笼的吊放要对准孔位、扶稳、缓慢，避免碰撞孔位，到位后立即固定。

（2）多节钢筋笼吊放时，应将钢筋笼逐步接长后再放入孔内，利用先插入孔内的钢筋笼上部架立筋将笼体固定在护筒上，利用吊装机械将上节钢筋笼临时吊住进行两节钢筋笼的对接和绑扎，焊缝验收通过待冷却后沉入孔内。

3.6 水下混凝土灌注

清孔完毕后，由导管上部塞入隔水塞，塞入深度以临近水为准。当储料斗内的混凝土储量满足剪栓后首次灌注时，即保证导管悬空控制在 25～40cm，首批混凝土的量要保证导管能埋入混凝土中 1.0～1.2m 时，即可剪栓和开启料仓门。随着不断地灌入，孔内混凝土面上升，随时提升和拆卸导管，导管底端必须保证埋入混凝土面以下 2～6m。在任何情况下，导管的埋深不得大于 6m。

4 旋挖钻机施工过程预防措施

4.1 编制专项施工技术、安全方案

由于旋挖钻机施工工艺、控制质量和安全环节多，稍有不慎就会导致事故发生。尤其是在透水性强的粉砂层和强度低、含水率高的淤泥质软土地质条件下，地基施工时的技术和安全问题更为突出，因此，在施工前须编制专项施工技术和安全控制方案，并组织专家论证后实施，以确保工程顺利进行。

4.2 预防塌孔

旋挖钻机成孔处于静态泥浆护壁，尤其砂卵地层孔壁泥皮比较薄，孔壁土层稳定性差；且旋挖钻机成孔速度快，通过钻斗旋挖后直接出渣，钻进时抗扰动能力差，在钻进和出渣提升或沉入过程中会扰动泥浆波动产生孔壁土体脱落、变形和坍塌，应根据不同的土质控制相应的钻进转速并须匀速进行。钻进速度控制在 8～10m/h，每斗钻进深度在 50cm 以内。

（1）根据地层地质情况选择合适的钻头。

（2）施工时选用中、高黏性化学泥浆。

(3)在开钻前检查护筒四周土层是否密实稳定,埋设深度、平面位置、垂直度是否符合要求,护筒周边土体是否密实,钻机定位是否达到要求。

(4)禁止在孔口周围堆放与桩基施工作业无关机械、材料,杜绝外部物体直接作用在护筒上;施工过程中尽量避免钻斗和钢筋笼擦伤孔壁。

(5)由于钻机旋转半径小,钻斗倾卸钻渣离井口距离近,应避免钻渣就地堆放或采用重型车辆运渣,以免因侧压力影响而引起塌孔。

4.3 预防缩孔

(1)旋挖钻机采用钻斗提升出渣方式,浆液相对密度小,成孔时对孔壁挤压力也小,孔壁依靠泥浆护理或孔内浆液压力维持孔壁稳定,且旋挖钻孔速度快,扰动大,钻斗提升或入孔时对孔内浆液产生波动或起负压的作用,当在提升钻斗时会产生吸附作用,这容易产生孔壁缩孔变形。钻斗提升或入孔时视孔径大小及地质情况,应缓慢匀速进行,速度一般控制在40~60cm/s。

(2)为防止造成孔壁颈缩现象,在开孔时结合地层地质情况确定钻斗直径尺寸,并适当加大钻斗直径尺寸,保证成孔孔径满足设计要求。

(3)预防钻斗磨损,导致孔径变小。在钻进过程中,钻斗的斗齿及调节块磨损的速度很快,应经常对钻斗磨损进行检测,并及时对钻斗的斗齿及调节块进行调整或更换,以确保桩径满足设计质量要求。

4.4 预防孔位偏移、孔身倾斜

施工过程中,钻孔遇较大孤石或探头石,在倾斜的软硬地层交界处钻进或者在粒径大小悬殊的砂卵石层中钻进时,会导致钻头受力不均,扩孔较大处钻头摆动偏向一方;钻机底座未安置水平或产生不均匀沉陷、位移,钻杆弯曲,接头不正等情形,都会导致孔位偏移、孔身倾斜等现象发生,造成返工。为预防孔位偏移、孔身倾斜,应做到以下几点:

(1)对工作平台软质地基应进行换填夯实加固处理,在钻机履带底部铺设枕木或钢板等加强措施,确保施工平台承载力能够满足钻机工作需要,以使钻机作业时保持稳定。

(2)施工过程中及时清除地面遗漏的渣土,避免渣土散落孔内及被雨水冲刷,保持平台周边整洁。

(3)测量放样时做好桩位控制网点,在施工过程中要随时观察其桩基中心的平面位置和孔身的垂直度、孔壁的变化情况,一旦发生变化,及时做出有效的校正措施。

(4)安装钻机时要使转盘、底座水平,起重滑轮缘、固定钻杆的卡机和护筒中心三者在一条竖直线上,并经常检查校正。

(5)由于主动钻杆较长,转动时上部摆动过大,必须在钻架上增设导向架,控制钻杆上的提引水龙头,使其沿导向架对中钻进。

(6)钻杆接头逐个检查,及时调正。当主动钻杆弯曲时,要用千斤顶及时调直。

4.5 预防浅层沼气

根据设计院提供的钻探孔资料,本项目范围内没有出现沼气,但因相邻标段有沼气存在,为了以防万一,保证施工安全,应预防可能存在的少量浅层沼气。在施工过程中需要做到:配置沼气检测仪,在旋挖钻机施工前进行沼气储存探测;如果在施工中发现沼气,需组织人员疏散撤离,中断施工,请专业施工队伍进行沼气排放;采用地质钻机钻探成孔、下导气管压风循环释放工艺，简称“循环导气释放法”。

4.6 预防钻杆折断

钻杆折断常发生在正反循环回转钻进时。一旦发生钻机的负荷突然减轻，驱动机械的运转噪声减小，钻进速度接近于零，即使提钻后再钻进仍无效，则证明确实发生了钻杆折断故障。发生此故障主要是因为采用用于水文地质或地质钻探的小孔径钻杆来进行桥梁大孔径钻孔，其强度、刚度太小；钻进中使用的转速不当，使钻杆所受的扭转或弯曲等应力增大；钻杆使用过久，连接处有损伤或接头磨损过甚；地质坚硬，进尺太快，使钻杆超负荷工作；孔中出现异物，突然增加阻力而没有停钻。为防止因为钻杆折断影响桩基成孔质量，需要做到以下几点：

(1)选择直径和管壁厚度合适的钻。

(2)不使用弯曲严重的钻杆，要求各节钻杆的连接和钻杆与钻头的连接丝扣完好，以螺套连接的钻杆接头要有防止反转松脱的固锁设施。

(3)钻进过程中控制进尺速度。遇到坚硬、复杂的地质，认真仔细操作。

(4)钻进过程中要经常检查钻具各部分的磨损情况和接头强度是否足够，不合要求者，及时更换。

(5)在钻进中若遇异物，经处理后再钻进。

(6)如已发生钻杆折断事故，将掉落钻杆打捞上来，并检查原因，换用新钻杆或大钻杆继续钻进。

5 旋挖钻机钻孔施工中注意事宜

(1)及时填写现场检查情况和施工记录，严格遵守交接班制度。

(2)桩位采取 GPS 测定，用红色油漆标识。在中心桩位半径 2.5m 范围内用十字线定出中心桩拴桩，在钻机就位之前由拴桩复核桩位中心，保证桩位准确。

(3)在钻进过程中，随时检查泥浆稠度、相对密度等指标，如不符合要求应及时进行调整，判明土层地质情况，并做好记录。

(4)为防止钻斗内的土砂掉落到孔内而使泥浆性质变坏或沉淀到孔底，斗底铁门在钻进过程中始终保持关闭状态。钻进过程中及时排除钻渣和及时补充浆料。

(5)保持孔内具有规定的水位和泥浆稠度，防止意外塌孔。

(6)根据不同的土质评估钻进阻力和扭矩的大小，控制钻进转速。

(7)在桩端持力层中钻进时，由于钻斗的吸引现象使桩端持力层松弛，应缓慢上提钻斗，遇桩端持力层倾斜时，稍加压钻进入，以防止倾斜。

6 结语

钱江通道南接线第九合同段工程中，在透水性强的粉砂层和强度低、含水率高的淤泥质软土及渗水性大的砂砾层等不良工程地质、构造复杂的条件下，应用旋挖钻机泥浆护壁技术进行桥梁桩基成孔施工。本文主要针对施工过程中出现的孔壁坍塌、缩孔、倾斜、浅层沼气、钻杆折断等进行了深入分析。我们从泥浆选择配制、钻机平台建设、工艺控制等方面提出了具体的操作技术措施。全项目 728 根桥梁桩基，经第三方检测，结果表明，桩基 100%为Ⅰ类桩，解决了旋挖钻机在不良地质施工中易塌孔、缩孔、倾斜等技术难题，取得了很好的效果，为不良地质条件下大直径超长桩基施工积累了技术经验。

参考文献

[1] 中华人民共和国行业标准.JTG/T F50—2011 公路桥涵施工技术规范[S].北京:人民交通出版社,2011.

[2] 中华人民共和国行业标准.JTG F80/1—2004 公路工程质量检验评定标准[S].北京:人民交通出版社,2004.

[3] 中华人民共和国行业标准.JTG/T F81-01—2004 公路工程基桩动测技术规程[S].北京:人民交通出版社,2004.

后张法预应力混凝土T梁预制工艺技术分析

王彬彬

（中交三公局第一工程有限公司　北京市　100012）

摘　要：随着现代桥梁技术的不断发展，由于预应力混凝土T梁具有结构简单、受力明确、节省材料、跨越能力大等优点，其在公路工程桥梁施工中得到广泛的应用，这种桥型对改善我国公路交通起到了非常重要的作用。后张法预应力混凝土T梁施工技术是目前桥梁上部结构施工过程中应用比较广泛的一项技术。后张法预应力T梁的施工工艺包括：孔道预留、预应力筋安装、模板安装、混凝土浇筑及养生、张拉、孔道压浆与封锚、移梁、存梁等。本文主要结合笔者多年的桥梁施工经验，并且参考了一些相关的文献资料，就后张法预应力混凝土T梁施工工艺及质量控制问题进行探讨。

关键词：T梁预制　施工工艺　质量控制

1　前言

桥梁建设技术是衡量一个国家经济现代化发展水平的一个重要标准，随着国家经济的发展，我国的桥梁建设水平已经跻身于世界先进水平。本文主要结合笔者多年的公路桥梁施工经验，分析了后张法预应力混凝土T梁施工工艺以及质量控制措施，希望能够对业内人士起到一定的帮助作用。

2　孔道预留

在进行预应力孔道预留过程中，首先应该保证孔道的尺寸与位置准确、孔道平顺，确保端部的预埋钢垫板与孔道的中心线保持垂直状态。管道应该采用定位钢筋安装，使其能够比较牢固地固定在模板内的设计位置，在混凝土浇筑过程中应该使其不移动位置，金属管道接头应该采用套管来进行连接，连接套管最好选用比管道大一个直径型号的同类管道，其长度应该为被连接管道内径的5倍以上，并且应该保证接缝处封闭严密，防止水泥浆的渗入。固定各种成孔管道的定位钢筋的间距一般按照以下规定进行控制：钢管不宜大于1m，波纹管不宜大于0.8m，胶管不宜大于2m，对于曲线管道应该根据具体情况进行适当加密。

管道应该预留压浆孔和溢浆孔，并且还应该在最高点设置排气孔以及需要时在最低点设置排水孔。在管道安装就位后，应该及时进行通孔检查，如果发现孔道有堵塞现象应该及时进行疏通处理。管道经检查合格后，为了防止杂物进入管道，应该及时对管道进行封堵。

3　预应力筋安装

预应力钢绞线束在波纹管就位后穿入，穿束工作由人工完成。钢绞线束的前端应握紧并裹胶布，用铁丝穿引绳进行牵引，务必做到不捅破波纹管。

4 模板安装

T梁模板由端模、外侧模组成，采用定型组合钢模板。模板质量应符合规范要求。要根据钢筋的绑扎顺序决定模板的安装顺序。模板安装后应该进行检验，待检验合格后进行混凝土浇筑。

5 浇筑混凝土注意事项

施工用混凝土必须满足相关要求。将混凝土卸入吊斗，利用龙门吊将其从梁的一端注入模内。混凝土浇筑采用斜向分段、水平分层。首先进行马蹄浇筑，后进行翼板以及腹板的浇筑。当浇筑接近端头时，改变下料顺序，由另一端向相反方向进行下料，浇筑合拢位置距离梁端5m左右。浇筑必须保证一次成型。下料以及振捣都需要分层进行，保证每层厚度小于0.3m，且层与层之间的振捣间隔应当小于0.5h，下层混凝土振捣密实后才能够进行上层的浇筑，从而使得浇筑结构密实稳定。另外，分段长度应当小于6m，并且不能小于4m，且前一段混凝土初凝之前就必须开始下一段混凝土的浇筑，从而使得结构具有连续性，不得随意中断浇筑作业。若不得已必须停止浇筑，其最长中断时间为3h。在分段浇筑时，接缝为斜向，上层接缝同下层接缝错开，从而保证混凝土浇筑结构完整。侧模上设置的振捣器是混凝土振捣的主要设备，而插入式振捣器则在振捣作业中处于辅助地位。此外，在混凝土成型后要进行覆盖，并进行保水养护，时间不少于7d，且蒸汽养生恒温不超过60℃，也可以采用养护剂均洒表面。

6 张拉

在进行预应力张拉前，应该对构件的外观尺寸进行检验，保证其符合质量标准的要求。张拉时，构件的混凝土强度应该符合设计要求；当设计文件未进行明确规定时，不得低于设计强度等级值的80%。曲线配筋的精轧螺纹钢筋应该在两端张拉，直线配筋的可在一端张拉。当同一截面有多束一端张拉的预应力筋时，张拉端最好均匀交错地设置在结构的两端。张拉前应该根据设计文件的要求实测孔道的摩阻损失，以便确定张拉应力控制值，并确定预应力筋的理论伸长值。张拉过程中，实际伸长值与计算伸长值之差应该控制在±6%以内。

在进行预应力筋张拉时，应该按照设计文件规定的顺序进行张拉；当设计没有规定时，应该采取分批、分阶段对称张拉。最好先进行中间钢绞线张拉、然后上、下或者两侧。张拉过程中，断丝、滑丝数不得超过规范的限值。预应力筋在张拉控制应力达到稳定后才能进行锚固。预应力筋锚固后的外露长度不宜小于30mm，锚具应该采用封端混凝土保护；当需要长期外露时，应该采取防止锈蚀的措施。锚固完毕并经检验合格后，可切割端头多余的预应力筋，应采用砂轮机切割，不得用电弧焊切割。

7 孔道压浆、封锚

预应力筋的孔道压浆应该尽早进行，并且应该在张拉后的48h内完成，否则应该采取防止预应力筋锈蚀的措施。孔道压浆所用的材料一般为水泥浆，水泥浆水灰比宜为0.4～0.45，水泥浆的泌水率最大不得超过3%，拌和后3h控制在2%，泌水应该在24h内重新全部被浆吸回。水泥浆稠度控制在14～18s之间。水泥浆的强度应该满足设计文件的要求；当设计没有明确规定时,不得低于30MPa。

压浆应该缓慢均匀地进行,不得中断,并且应该将所有最高点的排气孔逐个放开和关闭,使孔道内排气通畅。压浆过程及压浆后的48h内,结构混凝土的温度不得低于5℃,否则应该采取保温措施。如果白天气温高于35℃,最好选在夜间进行压浆。

对于先简支后连续构造的桥梁,根据设计要求:一联中跨主梁两端均不封锚;一联的中跨伸缩缝端封锚,另一端不封锚,不封锚时应采取防止锈蚀措施;一般简支构造的桥梁均予封锚。封锚按如下要求进行施工:孔道压浆完毕后立即将梁端水泥浆冲洗干净,同时清除支撑垫板、锚具及端面混凝土的污垢,并将端面混凝土凿毛,以备浇筑封端混凝土;设置端面钢筋网,为固定钢筋网的位置,可将部分钢筋点焊在支撑垫板上;固定封端模板,以免在浇筑混凝土时模板走动而影响梁长,立模后校核梁体全长,其长度应符合允许偏差的规定;浇筑封锚混凝土时,要仔细操作并认真振捣,保证锚具处的混凝土密实。

8 移梁、存梁

移梁和存梁时要注意下列事项:梁体的支撑点位置;梁在滑移过程中的支撑,防止梁体倾覆;存梁时要考虑好架梁时中梁、边梁的架设顺序,尤其是边梁的左右片要配好。

9 结语

预应力混凝土T梁的施工工艺以及质量控制非常烦琐和严谨,不能够有半点马虎,必须严格控制每道工序的施工。要想使预制出的T梁符合设计文件以及桥涵施工技术规范的要求,施工单位应该建立健全工程质量保证体系,落实项目质量体系结构,对进场材料进行严格控制,强化施工过程控制,保持项目质量体系的持续有效运行,严格工序控制,严格遵守施工工艺和操作规程,做好“自检、互检、专检”三检制,做到“上道工序不合格,下道工序不施工”,使每道工序处于受控状态,确保T梁的预制质量。

参考文献

[1] 毛佩,朱建海. 浅谈桥梁T梁预制施工与质量控制[J]. 中华民居,2013.

[2] 刘亚昭. 铁路工程T梁预制与架设施工工艺及施工方法[J]. 商品与质量:建筑与发展,2014.

浅谈箱梁后张法预应力施工工艺

罗 浩

(中交三公局第一工程有限公司 北京市 100012)

摘 要:后张法预应力混凝土桥梁在公路施工中应用较为广泛,为满足同行要求,本文着重介绍了新开铁路立交桥 30m 预制箱梁张拉、压浆施工工艺以及预应力材料、机具设备技术要求等。

关键词:后张法 预应力 压浆

1 工程概况

K35+611 新开铁路立交桥,全桥长 457.09m。本桥与线路斜交,角度为 110°。全桥共 3 联,上部结构采用预应力混凝土(后张)装配箱梁,先简支后连续,跨径为 15~30m。下部结构为柱式单排架桥墩及肋板式桥台,钻孔灌注桩,0 号、15 号桥台采用 D120 型伸缩缝,5 号、10 号桥墩采用 D240 型伸缩缝。全桥共计 120 片箱梁,其中边跨边梁 24 片,边跨中梁 24 片,中跨边梁 36 片,中跨中梁 36 片。预应力钢筋采用抗拉强度标准值 f_{pk}=1860MPa,公称直径 d=15.2mm 的低松弛高强度钢绞线;预制箱梁采用 C50 混凝土,封端混凝土采用 C40。本地区地形属平原区。地质资料为:上部以粉土为主,下部为粉砂、粉质黏土,夹有姜石。该地段为路基填方地段。

根据河南省机西高速公路建设有限公司(机西高速〔2013〕67 号文件)《关于采用预应力智能张拉和大循环智能压浆施工技术的通知》,本项目采用预应力智能张拉技术。通过计算机自动化操作,可精确施加张拉力,停顿点、加载速度、持荷时间等过程要素完全按照规范要求设定,可实时校核、自动补压、减小预应力损失,确保最后施加的应力完全达到设计要求。

2 原材料技术要求概述

2.1 波纹管

波纹管一般用厚度不小于 0.3mm 的钢带制成,在使用前应对波纹管进行刚度及耐水压密封试验。

2.1.1 波纹管的连接

波纹管接头用大一个直径级别的波纹管作套管,套管长 20~30cm,管道接头在套管内要对口、居中,两端的环向缝隙用胶带封闭严密。在波纹管接头处一定要将接口用小锤整平,以防在穿束时因波纹管翻卷导致管道堵塞。浇筑混凝土前应检查波纹管是否有孔洞或变形,接头处是否用胶带密封好。与锚垫板接头处,一定要用胶带或其他东西堵塞好,以防水泥浆渗进波纹管或锚孔内。

2.1.2 波纹管的定位

(1)每根波纹管在设置前均须按设计图[图号 T2-57-1“预制箱梁钢束构造(一)”和图号 T2-57-2“预制箱梁钢束构造(二)”]在钢筋骨架上焊接定位筋,焊接完成后再穿波纹管。施工操作简单,且坐标不易出现错误。

(2)在确定坐标的基础上,波纹管的定位可采用井字形定位钢筋网,也可将各点坐标标注在腹板箍筋上,在各点上焊接横向 ϕ12mm 定位钢筋,待波纹管沿定位钢筋穿好后,在用半圆形 ϕ10mm 钢筋卡牢焊接固定。不管采用哪种方式定位,定位钢筋沿主梁纵向直线段每 1 000mm 设一道,曲线段每 500mm 设一道。

(3)波纹管定位后,除局部特征点坐标外,整体线形要顺直,不得有扭曲和死弯现象。在施工过程中应严格避免波纹管被电焊烧伤。

(4)浇筑混凝土前,在波纹管中穿入塑料内衬管,以保证波纹管成孔质量。浇筑混凝土时应尽量避免振捣棒直接接触波纹管,以防漏浆堵孔。

2.2 钢绞线

工程中使用的钢绞线应符合现行《预应力混凝土用钢绞线》(GB/T 5224)的要求,进货时要按批卷进行验收,并按规定进行现场抽检,取样时每卷只能取一根,以保证取样检验的代表性。在本工程中,根据业主要求,采用河南恒星钢缆有限公司生产的低松弛预应力钢绞线,其抗拉强度标准值 f_{pk}=1 860MPa,公称直径为 ϕ_j15.24mm,公称面积 140mm^2,弹性模量E_p=1.95×10^{5}MPa。

2.2.1 钢绞线的下料

钢绞线的下料长度应根据设计图纸,并通过计算确定,长度 L=钢绞线通过的管道长度+2×[工作锚长度+限位板厚度+千斤顶长度+工具锚长度+便于操作的预留长度(一般为15cm)]。钢绞线的切断必须使用砂轮切割机,不得采用其他方式。

2.2.2 钢绞线的编束

为了防止在穿束过程中钢绞线扭曲交叉,张拉时受力不均,导致有的钢绞线达不到张拉控制应力而有的则可能被拉断,钢绞线在穿束前必须编束。编束应从一端开始,将各钢绞线理顺,使之平行不扭曲后,每隔 1m 用 20 号铁丝扎牢,一直编至另一端,其扎丝头应埋入束内不得外露,以便于穿入波纹管。编好束后在钢绞线两端外露处用油漆标记,最后将穿入的一端端头用胶布紧缠几圈,这样可避免穿入时钢绞线将波纹管扎破,造成波纹管卷曲。

3 张拉机具设备的选择及相关技术要求

3.1 锚具夹片

锚具、夹片质量不稳定表现为夹片几何尺寸不合格,硬度不均匀。夹片硬度大时会造成段丝或夹片脆裂;夹片硬度小时会造成滑丝;或者夹片与锚环孔几何尺寸不吻合、不匹配,影响锚固效果。所以必须按规范要求对夹片、锚具进行硬度检查,合格品才能使用。如果锚环没放入锚垫板的定位槽内,夹片没有对齐、没摆匀,易造成局部应力集中,影响锚固效果。安装夹片时,夹片外露要整齐、缝隙均匀。张拉前要认真检查一次,各道工序均应符合要求。

3.2 千斤顶及油泵

张拉用千斤顶及油泵要与设计张拉力相匹配,而且要进行千斤顶与油表配套标定,使用时按照标定的顶号及表号配套使用。在下列情况下要重新标定：

(1)当千斤顶使用超过 6 个月或 200 次,或在使用过程中出现不正常现象,或检修以后。

(2)严重漏油或重要部件损坏。

(3)伸长量偏大、偏小严重。

(4)油表失灵更换后。

张拉用千斤顶及油泵的选择。根据图纸要求,依据最不利情况计算,本工程张拉所需最大拉力为：

$$F_{max}=\sigma_{con}\times A_p\times N_{max}/10\,000$$
$$=1\,395\times 140\times 5/10\,000$$
$$=987.5\text{kN}$$

式中：σ_{con}——钢绞线张拉控制应力为 $0.75f_{pk}$,即 1 395MPa；

A_p——钢绞线的公称面积；

N_{max}——钢绞线根数最大值。

根据现场实际情况,本工程选择 BBJ-50F 型智能张拉控制系统,两台 120t 千斤顶,和与其匹配的油泵及压力表。

4 钢绞线理论伸长量的计算

4.1 计算参数的取值

由于管道采用预埋波纹管,故参数 $k=0.001\,5$,$\mu=0.225$,$E=1.95\times 10^5$ MPa。

4.2 终点力的计算

将张拉的钢绞线按设计图纸的曲率半径分段,即在相同的 θ 值处分开。采用终点力计算公式分段计算：

$$P_{终点力}=P_{起点力}\times e^{-(kl+\mu\theta)}$$

式中：$P_{终点力}$、$P_{起点力}$——分别表示预应力钢绞线计算终点和计算起点的张拉力；

l——预应力钢绞线的计算长度；

k——孔道每米偏差对摩擦的影响系数；

θ——夹角；

μ——预应力钢绞线与孔道壁的摩擦系数。

4.3 平均力及伸长量的计算

平均力计算公式：

$$P_{平均力}=P_{起点力}\times(1-e^{-(kl+\mu\theta)})/(kl+\mu\theta)$$

伸长量计算公式：

$$\Delta l=P_{平均力}l/(A_yE_y)$$

5 后张法施工工艺流程

5.1 准备工作

(1)将锚垫板喇叭管内的混凝土清理干净。

(2)消除钢绞线上的锈蚀、泥浆。

(3)套上工作锚板,在锚板锥孔内抹上一层薄薄的黄油,在锥孔内装上工作夹片。

(4)套上相应的限位板。

(5)装上张拉千斤顶,并且与油泵相连接,注意千斤顶要和油压表配套使用。

(6)装上工具锚板,在锚板锥孔内装上工具锚夹片,锥孔内表面和夹片表面涂上约 1mm 厚的蜡质润滑剂,以使张拉完毕后夹片能自动松开。

(7)张拉操作人员必须经过培训持证上岗方可进行操作,张拉前应注意张拉设备校验记录是否完整、正确、有无异常,理论油压是否正确。油路不得漏油,各个阀门工作正常,电路绝缘良好,千斤顶、锚具、夹片、顶压器对准良好,千斤顶后方危险区禁止人员滞留、穿行。

5.2 施加预应力

根据图纸要求,当混凝土强度达到设计强度 90%且龄期不小于 7d 时,方可张拉钢束。

(1)张拉程序为:0→初应力(0.1σ_{con})→σ_{con}→(持荷 2min)→锚固。张拉顺序为:N2→N3→N1→N4。本工程采用张拉程序为:0→初应力(0.1σ_{con})→0.2σ_{con}→σ_{con}(持荷 2min)→锚固。

(2)钢束张拉时两端对称、均匀张拉,采用智能张拉控制系统,应力控制张拉,以伸长值进行校核。张拉时,千斤顶张拉力作用线应与预应力钢材的轴线重合一致,记下各级行程 $L_{10\%}$、$L_{20\%}$、$L_{100\%}$,计算一端实际伸长量 $L_{实}=(L_{20\%}-L_{10\%})+(L_{100\%}-L_{10\%})$。对比理论伸长量与两端实际伸长量之和,当两者相差超过理论伸长量的±6%时,应停止张拉,查明原因并采取补救措施后再继续进行。张拉过程中应注意两端同时加荷,要使两端油表值和伸长量尽量接近,达到设计张拉控制应力持荷 5min 后才可锚固。

5.3 锚固

(1)待油泵回油结束,千斤顶收顶完成,用工作锚片锚固好预应力筋。

(2)按顺序取下工具夹片、工具锚板、张拉千斤顶、限位板。

5.4 封锚

在距工作夹片 3~5cm 处,切除多余的预应力筋,用混凝土封住锚头。切除钢绞线时,严禁使用电弧焊切割,应使用钢砂轮机切割。

6 孔道压浆

6.1 水泥浆的技术要求

本工程采用智能压浆系统辅助压浆。

(1)水灰比应控制在 0.4~0.45。

(2)水泥浆的泌水率最大不得超过 3%。

(3)水泥的强度等级不宜低于 42.5MPa。

(4)水泥浆稠度宜控制在 14~18s。

6.2 压浆施工条件的相关要求

本工程水泥浆配合比应满足规范设计要求。气温或构件温度低于 5℃时,不得进行压浆;水泥浆温度不得超过 32℃。当气温高于 35℃时,压浆宜在夜间进行。压浆应使用活塞式压浆泵,不得使用空气压缩式压浆泵。压满浆的管道应进行保护,使其在一天内不受任何振动;水泥浆在注入 48h 内,结构混凝土温度不得低于 5℃,否则应采取保温措施。

6.3 孔道压浆施工工艺流程

一般在张拉后24h内往张拉孔道内压浆。如情况特殊不能及时压浆，应采取保护措施，保证锚固装置及钢绞线不出现锈蚀，以防滑丝。

(1)压浆是后张法预应力施工中的最后一步也是关键的一步。压浆前对压浆机进行认真检查、标定，用压浆机向管道内注压清水，充分冲洗、润湿管道，至全部管道冲洗完后，正式拌浆，开始压浆。

(2)孔道压浆应按自下而上的顺序进行。

(3)为保证钢束管道全部充浆，须压浆至出浆口水泥浆流出一段时间，然后封闭进出浆口。不掺外加剂时须进行二次压浆，直到水泥浆凝固前，均不得移动打开。

(4)灌浆泵继续工作，待流出的浆体稠度与灌入的浆体相当时，在小于或等于1.0MPa的正压力下，持压1～2min。

(5)关闭灌浆泵及灌浆泵端所有阀门，完成灌浆，拆卸外接管各附件，清洗空气滤清器及阀门等。

(6)压浆中加入膨胀剂以保证管道内密实。压浆完毕后，水泥浆达到一定强度后方可移梁。

7 结语

预应力混凝土结构已普遍应用于高等级公路的大、中、小桥梁中，其中后张法预应力桥梁所占比重越来越大，掌握预应力张拉和压浆技术是施工的关键所在，它将直接影响桥梁的质量和使用寿命。因此，施工技术人员要有高度的工作责任心，在施工过程中应该对每道工序严格按规范操作，否则就可能给工程造成难以检查和发现的质量隐患。

参考文献

[1] 中华人民共和国行业标准. JTG/T F50—2011 公路桥涵施工技术规范[S]. 北京:人民交通出版社,2011.

[2] 郑州机场至周口西华高速公路(一期)施工图设计.

[3] 中华人民共和国行业标准. JTG B01—2003 公路工程技术标准[S]. 北京:人民交通出版社,2011.

[4] 中华人民共和国行业标准. JTG D60—2004 公路桥涵设计通用规范[S]. 北京:人民交通出版社,2011.

浅谈现浇箱梁的施工工艺

撒元强

（中交三公局第一工程有限公司　北京市　100012）

摘　要：现浇箱梁的施工，关键在于如何根据地形、地势选择合适的施工工艺。本文介绍了现浇箱梁施工中常用的施工工艺，对以后的现浇箱梁施工具有一定的指导意义。

关键词：现浇箱梁　施工工艺

1　工程概况

1.1　项目基本情况

本项目位于广西壮族自治区百色市隆林县，是隆林至百色高速公路的起点，项目起点连接昆汕高速公路，是广西壮族自治区与贵州省的连接纽带。项目全长 11.29km，主要以桥梁为主；另外，还有连拱隧道 1 处、互通式立体交叉 1 处、分离式立体交叉 1 处。

1.2　现浇箱梁介绍

互通式立体交叉桥梁是高速路中重要的组成部分，其施工工艺虽然已经很成熟，但是其施工仍被建设单位、施工单位、监理单位高度关注和重视。因为施工工艺的选择直接关系到施工成本、施工质量以及施工进度，特别是在山区中，施工工艺的选择显得更为重要。本项目的互通式立体交叉共有匝道桥 6 座，由于地处山区，地形复杂并且地质条件较差，同时当地施工材料和施工设备的供给各异，所以各桥的施工工艺有所差异。

2　施工工艺制定

本项目部根据现场地形、地质实际情况，以及广西本地的材料情况制定了三种现浇施工方案。第一种方案是钢箱梁作横向支撑，螺旋钢管作竖向支撑，箱梁上面摆放 50a 工字钢，工字钢上面搭设支架，利用顶托调节桥梁的坡度、高度。顶托上面摆放 H 型钢焊接成的排架，然后再在上面安放模板；第二种方案是贝雷片作支撑，上面摆放槽钢，槽钢上面搭设支架调节桥梁坡度、高度；第三种方案是用碗扣式满堂支架作支撑，顶部用顶托直接调节桥梁坡度、高度。上述三种施工工艺在工序、工程成本、工期等方面各有优劣。

3　工艺介绍

3.1　第一种工艺

就第一种工艺而言，其成本较高，因为市场上没有现成合适的钢箱梁设备，无法租赁，需根据自身施工需要加工合适的钢箱梁设备，并且钢箱梁及其附属设备加工较复杂，耗费时间较长，而且钢箱梁自重较大，体积也较大，所以其安装、拆卸、运输都需要吊装机械的配合，机械台班使用量大，但其自身稳定性较好，并且承载力大，适合大跨径现浇梁。钢箱梁（本项目的箱梁高度为 150cm，宽度为 100cm，钢板厚度为 20mm，箱梁的尺寸可根据现浇箱梁的跨径、高度、厚度进行调整）的支撑采用钢管支撑（本项目采用的钢管直径为 325mm，可根据跨径、混凝土方量选用），立柱两侧采用钢牛腿作抱箍，牛腿用钢管支撑，跨中也采用钢管支撑（当跨径较大时，四分之一支点处必需用钢管支撑）。该方案的地基可采用扩大基础或桩基础，当地质条件较差或临河时可采用桩基础，当地形较平坦且地质条件较好时可采用扩大基础。该方案中施工设备循环周期较长，施工进度较慢，所以该方案不适合施工工期较紧的项目。总之，该方案较适合于地质条件差、地形复杂，且跨度较大、桥梁高度较高的现浇桥梁施工。

3.2 第二种工艺

第二种工艺是利用贝雷片作支撑，上面铺设槽钢或工字钢（本项目采用的是 10cm 槽钢），其上面再搭设支架进行调节桥梁坡度和高度。一般情况下，贝雷片采用租赁的形式，所以工程成本相对较低。但贝雷片的组装、拆卸、运输也需要吊装设备的配合，所以机械费用也较高。贝雷片的支撑形式分为横向（卧式）放置和竖向（立式）放置两种。当桥梁高度较低时采用卧式，其稳定性好，但贝雷片使用数量较多，工程费用增大；当桥梁高度较高时可采用用立式，其稳定性相对较差，使用时必须增加贝雷片间的横向连接，以增强其稳定性。该方案对地基要求较严格，安放贝雷片的基础一般采用片石混凝土条形基础或素混凝土条形基础。当地质条件较差或原地基承载力不够时，必须换填土或反开挖，然后进行分层填筑，碾压处理。为了增强基础的安全性，可在条形基础的顶部和底部铺设钢筋网片。

3.3 第三种工艺

第三种工艺是利用碗扣式满堂支架作支撑，支架顶用顶托直接调节桥梁的坡度和高度，顶托上面横向摆放 10cm×10cm 方木，间距为 90cm，上面纵向摆放 5cm×10cm 方木，其间距为 20～30cm，模板采用镜面竹胶板（因为其自重较小，并且在钢筋加工过程中不生锈，混凝土浇筑后外观质量较好）。该方案是桥梁工程中最常见的一种施工形式，施工工艺较成熟，特别是在北方地区，该方案在桥梁施工现场更是随处可见，支架拼装，拆卸简捷，可以单纯靠人工进行操作，机械台班使用较少，特别是在施工场地较狭小无法使用吊装设备的地区更受人青睐。但该方案对桥梁高度较低的现浇梁较适用，当高度较大时必须增加横向连接杆，增强基础稳定性。并且该方案对地基要求较严格，必须对地基进行严格处理，并且做好排水处理，避免因水侵蚀使地基变软，承载力下降，造成地基失稳酿成重大安全事故。一般情况下，在地基表面浇筑一层素混凝土，并且两侧设置排水沟。据统计，使用该方案发生的安全事故，绝大多数是因地基失稳造成的。所以，使用该方案时地基处理显得尤为重要。并且碗扣支架的循环周期较短，支架安装、拆卸比较灵活、方便，施工进度较快，所以当施工任务较重、工期较紧时，该方案显得尤为奏效，它的优点在本项目也得到了验证。

4 工艺的比选

(1)工程施工中施工安全是最重要的考虑因素，但在安全的情况下，施工工期以及各种机械设备的循环周期也是一项重要的参考要素。在无不可预测因素发生的情况下，现对本项目所使用的三种方案进行比较，以 20 个人为一个工作组，以一联（三跨为一联，每跨长 25m，箱梁顶板宽度为 9m)为一个工作面,第一种方案的施工周期约 30d,第二种方案的施工周期约为 20d,第三种方案的施工周期约为 15d(该施工周期为本项目在施工时,各个方案在施工时的均值,实际施工中因为桥梁的施工高度、桥面宽度,以及工人的施工能力不同,施工周期也各不相同)。

(2)本项目的互通区有 6 座匝道桥,其中 DK0+234 桥使用的是第一种方案。该桥位于北楼河岸边,地基为河水长期冲刷的淤泥,地质条件较差,并且该桥位于一座山的山腰上,该山的坡度较小,地基处理难度较大。该桥施工时正值本地的汛期,北楼河中的水量较大,水位较高。从施工安全上考虑,相比第二、第三种方案,第一种方案是较为合理的施工方案,但因其机械设备费用较高给项目部增加了成本,并且该方案的模板使用的是钢模板,因钢筋加工时间较长,模板表面生锈较严重,混凝土浇筑完成后,外观质量较差。如果以后施工中要使用该方案,建议模板表面使用模板漆粉刷,保证模板不生锈。BK0+104 桥、CK0+277.553 桥、EK0+260.5桥均采用第三种方案。由于这 3 座桥所处地势较平坦,地质条件相对较好,高度也较小,所以使用该方案较合理。AKO+425 桥由于高度较高,地质条件也较好,但考虑到支架的整体稳定性,故采用了第二种方案。AK0+208 桥地势较低,高度也较小,但该桥位于一个冲沟的下游,并且考虑到机械设备及模板的利用率,所以采用了第一种方案。

5 结语

无论哪种方案都有其优势和弊病,以及条件限制。所以,施工方案的选择必须根据桥梁自身特点,所处的地质、地形条件,以及当地的施工设备供应情况综合考虑。

参考文献

[1] 中华人民共和国行业标准. JTG/T F50—2011 公路桥涵施工技术规范[S]. 北京:人民交通出版社,2011.

[2] 梁伟江. 现浇预应力混凝土连续箱梁施工技术[J]. 施工技术,2005.

高寒地区钢波纹管涵洞施工关键技术研究

郭　鹏　梁养辉

（中交三公局第一工程有限公司　北京市　100012）

摘　要：通过对钢波纹管涵洞在高寒地区适应性理论分析，并对青海高寒地区现有钢波纹管涵洞调研，分析其病害及产生原因。结合 G214 青海高寒地区新修钢波纹管涵洞施工经验，总结施工工艺，形成高寒地区钢波纹管涵洞施工关键技术，更好地指导该地区钢波纹管涵洞施工。

关键词：高寒地区　公路工程　钢波纹管涵洞　施工技术

1　引言

钢波纹管是利用一定厚度的钢板经过压制制成的带波纹状管件。钢波纹管涵洞具有较强的适应能力，采用防腐方案后的钢波纹管涵洞使用寿命能够达到 20～30 年。如果考虑钢波纹管涵洞防腐的养护（大修、二次防腐）、设计腐蚀裕量（厚度）的安全系数，其耐腐蚀寿命应能达到 50 年（或以上），完全满足设计使用要求。

相对于普通钢筋混凝土涵洞，钢波纹管涵洞易于施工，特别是在多雨季节、高寒地区，便于施工的特点使其得到广泛应用，且应用效果良好。虽然钢波纹管涵洞在高寒地区已经应用并迅速发展，但由于施工设备、施工工艺不尽相同，影响了其施工质量。因此需要通过总结，形成适合高寒地区的施工技术，指导现场施工。

2　钢波纹管涵洞在高寒地区适应性分析

钢波纹管由于轴向波纹的存在使其具有径向刚度大，轴向柔性大，抗弯抗裂性能好的优良特性，具有很强的适应地基与基础变形的能力。同时可取代大体积圬工、混凝土结构，减少石方开采对山体的破坏，利于环保，减少对多年冻土的扰动，并且施工便捷快速，缩短对深层地基的热侵蚀时间，同时减少人类工程活动对冻土地区的破坏。

高寒地区钢筋混凝土圆管涵或盖板涵在使用过程中多出现不同程度的损坏，较严重的病害为地基不均匀沉降导致涵洞破坏。由于原有涵洞因冻胀和融沉反复作用或因基础埋置过浅导致涵洞铺砌破损、翼墙倾覆、涵台开裂、洞身裂缝、错台等病害，而钢波纹管涵洞完全可以避免地基变形导致的涵洞破坏，同时可以减小路面因地基沉降引起的应力集中。所以，钢波纹管涵洞在上述地区更具有优越性。

3　钢波纹管涵洞在青海高寒地区应用调查

3.1　现场调研

课题组重点对沿 G214 旧线青海省内已投入使用的钢波纹管涵洞进行调查。G214 线北起于青海省西宁市，向南经共和、玛多、结古、西藏昌都、云南迪庆、丽江、大理，止于景洪，全长约 3 254km，纵贯青海东南部、西藏东部、云南西部等广大地区，其作为进出藏 5 条干线公路之一，是重要的国防干线和经济干线。钢波纹管涵洞详细调查情况见表 1。

钢波纹管涵洞调查结果 表 1

序号	中心桩号	孔数-孔径	结构现状	整治利用情况
1	K183+820	1-1.5m	管口少量砂石堵塞，管中有少量积水(高约 6cm)，管口顶部少量锈蚀	进行维修养护
2	K184+380	1-1.5m	边坡管涵基础塌陷，管涵外漏，管内壁少量锈蚀，路肩稍有下沉	进行维修养护
3	K235+035	1-2.0m	管涵顺直无变形，两侧洞口完好，洞口顶部帽石有竖向开裂，裂缝宽 0.1cm	进行维修养护
4	K268+820	1-2.0m	管涵斜交于道路，有少量沉降发生，洞口处为浆砌片石护坡，基本无损坏	进行维修养护
5	K271+000	1-2.0m	结构完好	—
6	K278+885	1-1.5m	路面良好，天然沙砾边坡有冲刷，洞口完好。管涵右侧有少量沉降，管底有部分积水，管涵中部有少量砂石淤积	进行维修养护
7	K281+500	1-2.0m	路面有较小裂缝，管涵轻微下沉，有少量积水，洞口阻塞	进行维修养护
8	K284+150	1-1.5m	管壁有轻微锈蚀	进行维修养护
9	K289+560	1-1.0m	结构完好	—
10	K290+535	1-2.0m	结构完好	—
11	K292+190	1-1.5m	路肩有开裂，存在横向裂缝，路缘石坍塌，洞口有少量砂石阻塞	清除阻塞砂石
12	K296+700	1-1.5m	洞口顶部帽石开裂，管涵结构完好	进行维修养护
13	K299+030	1-2.0m	结构完好，洞口顶部帽石断裂、残缺	进行维修养护
14	K299+250	1-1.5m	管涵结构完好，管中有少量碎石、泥土沉积	清除阻塞砂石
15	K302+160	1-1.5m	管涵结构完好，无变形，管底有淤泥沉积，边坡存在冲刷现象，导致路肩沉降过大产生纵向裂缝	进行维修养护
16	K307+295	1-1.5m	管中有较少淤积，管涵中部有下沉，边坡有轻微冲刷现象	进行维修养护

3.2 病害类型及分析

钢波纹管涵洞病害形式基本上可以概括为以下几种：

(1)钢波纹管涵洞顶部路面局部有微小裂缝，此种病害对涵洞使用功能影响较小，但应及时进行处置，如不加以治理，很可能会发展成为贯通整个路面的裂缝。

(2)由于当地沼泽地区水质为弱酸性，管壁内涂有防腐沥青的钢波纹管涵洞未发现腐蚀，而未涂有防腐沥青只是镀锌的涵洞发现有一定的腐蚀，短期内不影响使用，但长期使用应进行二次防腐处理。

(3)钢波纹管涵洞进出口部位，其翼墙出现向外倾斜，墙体出现裂缝、破碎或表面脱落，管口铺砌层出现裂缝、管口出现少量砂石沉积等病害。一些涵洞由于地基处理不当，造成水流聚集在内不能顺畅流出。

4 施工工艺

施工工艺流程见图 1。

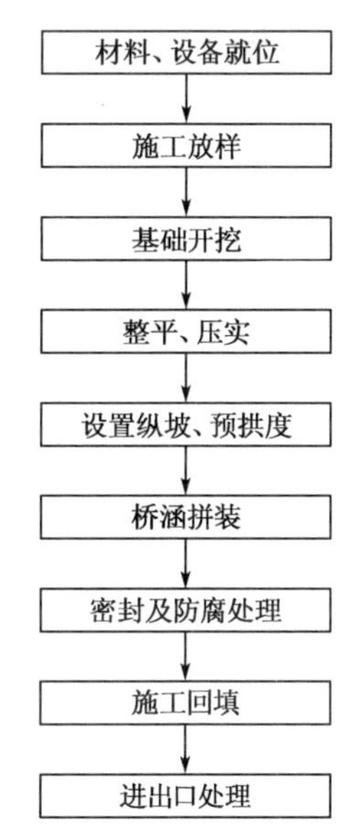

图 1 施工工艺流程图

4.1 施工设备

钢波纹管涵洞施工时尽量采用常规小型机具，压实采用手扶振动压路机或采用小于6t的静碾压路机、12t压路机或20t压路机，具体见表2。

主要施工设备　　表2

序号	名称及规格	单位	数量	备注
1	20t运输车	台	2	—
2	10t汽车吊	台	1	—
3	20t千斤顶	台	2	—
4	5t卷扬机	台	1	—
5	5t链条葫芦	台	1	—
6	定扭气动扳手	套	2	测量控制扭矩
7	6t静碾压路机	台	1	—
8	12t压路机	台	1	—
9	20t压路机	台	1	—
10	水准仪	台	1	—
11	全站仪或经纬仪	台	1	—
12	压实度检测设备	套	1	—
13	应变、变形检测设备	套	2	—

4.2 地基处理

对于软土地基，要求进行一定厚度的砂砾换填，一般性土质地基可设一定厚度的基础或对原地基土进行充分夯实，经检测合格后方可使用。

对于岩石地基，因为钢波纹管为柔性结构，不能置于过于坚硬的岩石地基上，以防止其产生凹凸变形，降低整体使用性能。因此，应挖掉一部分软岩，换填优质土，并进行夯实处理。岩石风化层地基不能作为基础，需换填不少于3倍直径宽度的填土。

地质条件复杂(如多年冻土、膨胀土、盐渍土)时推荐采用换填砂砾(深度置于最大冻深或最大冲刷线下0.5m，多年冻土地区换填深度至多年冻土顶板)，并作好隔水处理。条件具备时也可换填水泥稳定砂砾(水泥可掺5%，砂砾直径小于3cm级配良好)，换填厚度根据当地冻土最大深度和地质条件确定。

根据涵底纵坡和填土高度等因素设置预拱度，一般为管长的0.3%～1%，最大不宜超过2%，以确保管道中部不出现凹陷或滑移。如钢波纹管涵的涵底纵坡大于5%，应采用必要的防滑移措施。

4.3 拼装施工

管身安装前，要求准确放出管涵的轴线和进出水口的位置。管底安装时应将其紧贴于垫层上，以使管涵受力均匀。

(1)拼装方式

对钢波纹管涵洞应采用拼装式涵管施工技术，管径2.0～2.5m结构宜采用管节对接，管径大于或等于3.0m结构宜采用片状弧形波纹板螺栓连接拼装。管节对接宜采用外套箍圈拼装，将整圆管的不同管节采用外套波纹管环接，并注意密封防水和外套波纹管的上、下对接设计。

(2)外套钢波纹管箍圈对接拼装要点

连接安装波纹管时应根据涵洞实际情况，吊放或摆放钢波纹管。如果涵洞两侧进出水口为与路基同坡度的斜口形式，安装时应先安装中间管节，在基础长度方向留出进出水口的位置。中间管节全部安装完毕后再安装两侧进出水口。安装时先按照设计的位置摆放第一根管节与第二根管节的外套箍圈的下半部分，然后从一侧吊放或摆放第一根管节，使管子中心和基础纵向中心线平行，采用同样方法把第二根管放置就位。然后分别轻轻撬起第一根管节和第二根管节的连接端，放入石棉垫，分别再扣盖上外套箍圈的上半部分，使上下箍圈法兰的螺栓孔对正，全部穿上螺栓，拧上螺丝，此后依此方式逐节依次连接。

(3) 片状拼装要点

片状波纹板拼装应进行施工工序设计，合理组织各片的次序，设计板的尺寸应既便于运输安装又尽可能减少螺栓数量，尽量将连接位置偏离最大等效应力和最大切向应力集中的区位。

安装前检查钢波纹管涵底部高程、纵坡，确定涵管的位置、中心轴线。拼装底部钢波纹板时应以中心轴线中点为基准，第一张波纹板定位，以此为起点向两侧延伸，直至两端，搭接长度为 50mm。对正连接孔，螺栓由内向外插入孔位，外侧套上垫圈旋上螺母，用套筒扳手预紧螺母。拼装环形圈时应由下向上顺次拼装，圆周向连接采用阶梯形，搭接长度为 50mm，即上面两块板的连接叠缝与下面两块板的叠缝错位，连接孔对正后，用螺栓由内向外插入孔位，用套筒扳手预紧螺母。圆周向拼装到环形圈合拢时应测定截面尺寸，及时调整预紧螺栓，纠正拼装顶部波纹板，确保截面尺寸符合要求。波纹钢板件拼装搭接时，上部板件应在外侧，以防止土体中水渗入管内，搭接螺栓宜在管内，螺母宜在管外，如图 2。

拼装完成后，用定扭汽动扳手，控制扭矩为 270～410N·m，依次紧固所有螺栓，保证波纹的重叠部分紧密地嵌套在一起。用专用密封胶密封，以防波纹板连接处渗水。

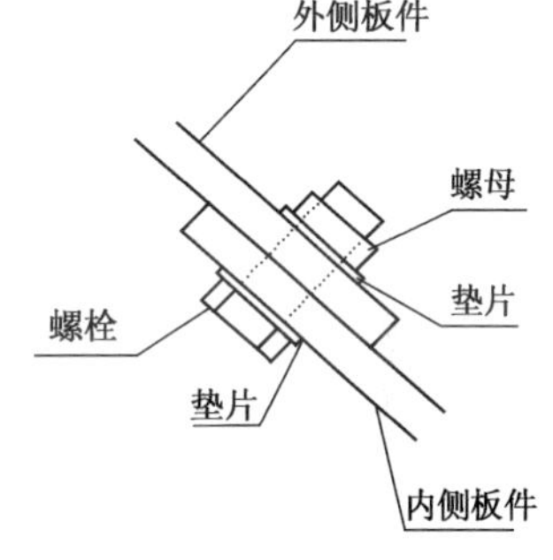

图 2 板件搭接及螺栓紧固示意图

4.4 防腐处理

钢波纹管或板在运输装卸过程中，应采取防碰撞措施，避免管或板损坏或碰伤防腐蚀层，装卸应采用吊具进行，不允许采用滚板或斜板卸管。

按照规范要求，钢波纹管出厂时已进行了镀锌防腐处理，镀锌平均厚度不小于 84 μm。为了增加钢波纹管的耐久性，并在管壁内外均匀涂刷两遍乳化沥青或热沥青，沥青涂层的厚度要达到 0.3～1mm。现场施工应对局部的防腐涂层缺陷采取有效的补救措施。

4.5 两侧回填

钢波纹管两侧填土应对称施工，分层回填，每层厚度为 20cm，压实度达到规范要求后方可进行下层填筑。管涵两侧 50cm 外用振动压路机碾压，50cm 内则用小型夯实机械夯实，以免压路机对管涵造成破坏或管涵滚动。

管顶上部压实时，应满足最小填土高度要求。管径为 2.0～2.5m 时，最小填土厚度不小于 30cm(压实后值，虚铺要考虑松铺系数)；涵管上方回填厚度超过最小填土高度后，先采用

20t 压路机静压 3 遍之后方可采用 20t 压路机振压。管径 3.0～6.0m 时，最小填土厚度为 40cm(压实后值，虚铺要考虑松铺系数)；涵管上方回填厚度超过最小填土高度后，先采用小型手扶振动压路机压实或采用小于 6t 的静碾压路机压实，3～5 遍之后方可采用 12t 压路机压实；之后各层厚度 20cm，可采用 20t 压路机静压；填土厚度超过 80cm 后，可采用 20t 压路机振压。回填未达到最小填土高度前禁止一切重型车辆通行。

4.6 八字墙、洞口铺砌

洞口施工时，应选择几何尺寸较好的石块交错铺砌在同一层，使之形成错锁结构。须错缝砌筑，不得出现竖缝、通缝，外露面应保持平整。

八字墙砌筑前，将基底平整夯实，并测试其承载力是否达到设计要求，且经检查合格后方可进行砌筑。

4.7 质量检验

钢波纹管涵洞施工完成后应进行质量检验，具体实测项目见表 3。

钢波纹管涵洞施工实测项目　　表 3

项次	检测项目	规定值或允许偏差	备　注
1	基础压实度(%)	≥设计要求	每涵不少于 3 处
2	轴线偏位(mm)	≤50	经纬仪测量不少于 3 点
3	涵底流水面高程(mm)	≤20	水准仪测量不少于 3 点
4	管涵长度(mm)	≤+100，−50	—
5	回填压实度(%)	≥设计要求	各层不少于 3 处大跨径(大于 2m)≥95
6	管身顺直，进出水口平整，无阻水现象；帽石及一字墙或八字墙等平直，无翘曲现象		

5 结论

(1)钢波纹管具有质量轻、便于叠置捆扎，存放运输方便、施工组装工艺简单等特点。有利于推进、实现道路工程建设过程中的设计标准化、生产工厂化、施工装配化。

(2)钢波纹管涵洞具有施工工期短，造价低等优势，同时解决了混凝土涵洞所产生的不均匀沉降难题，特别适合高寒地区推广应用。

(3)高寒地区钢波纹管涵洞病害形式主要为：管口出现少量砂石沉积，洞口浆砌片石护面毁坏，微弱腐蚀等问题，这主要由于施工工艺不够完善，施工单位不够重视引起。沼泽地区应增加涂刷沥青层厚度等防腐措施。

(4)高寒地区钢波纹管涵洞地基处理采用换填砂砾，换填厚度及压实度应达到规范要求，施工时应特别注意，以免出现管涵的整体沉降。管涵两侧应同时回填，管顶填土高度较小时应避免重车通过，以免出现钢波纹管的变形。

参考文献

[1] 李祝龙. 公路钢波纹管涵洞设计与施工技术研究[D]. 西安：长安大学，2006.
[2] 李祝龙. 章金钊. 高原多年冻土地区波纹管涵应用技术研究[J]. 公路，2000(2)：28-31.
[3] 明艳. 公路钢波纹管涵洞设计内容[J]. 黑龙江交通科技，2011(1)：101-102.

[4] 孙伯文，李祝龙，刘洪林．大孔径钢波纹涵洞在河北公路中的应用研究[J]．山西建筑，2010(8)：263-264．

[5] 刘百来，李祝龙，汪双杰．钢波纹管涵洞力学性能的有限元分析[J]．西安工业学院学报，2006(1)：83-86．

[6] 姚孝虎，胡滨，梁养辉，等．公路钢波纹管涵洞施工工艺研究[J]．山东交通科技，2004(04)：69-70．

[7] 中华人民共和国行业标准．JTG D60—2004 公路桥涵设计通用规范[S]．北京：人民交通出版社，2004．

[8] 范晓明．浅议钢波纹管涵在高填方应路基上的应用[J]．企业导报，2012(10)：294．

[9] 贾彦武．公路路基钢波纹管涵洞受力与变形特性室内模拟试验研究[D]．西安：长安大学，2012．

[10] 王卫，张建东，段鸿杰，等．国外波形钢腹板组合桥梁的发展与现状[J]．现代交通技术，2011，8(6)：31-33．

宽幅悬浇箱梁挂篮施工改为支架施工方案比选

夏　灿　祝　林

（中交三公局第一工程有限公司　北京市　100012）

摘　要：通过在现场施工及经营部工作过程中所学知识，对钱江通道及接线工程南接线益农互通 45m＋75m＋45m 主桥由挂篮悬臂施工改为支架施工的方案比选。

关键词：宽幅　悬浇箱梁　挂篮施工　支架施工　方案比选

1　工程概述

钱江通道及接线工程是《浙江省公路水路交通建设规划》（2003～2020 年）“两纵、两横、十八连、三绕、三通道”高速公路主骨架的一个通道，是环杭州湾地区接轨上海市、北通苏州和嘉兴，到达萧山国际机场及绍兴市的最快捷通道。益农互通 45m＋75m＋45m 主桥位于杭州市萧山区境内，为考虑后期萧山国际机场附近内、外环线规划，设计为一跨越过后期规划中的机场东路，主桥为 45m＋75m＋45m 三跨预应力混凝土变截面单箱五室斜腹板连续箱梁，采用纵、横、竖三向预应力体系。箱梁高度从跨中高 2m 按 1.8 次抛物线变化，至距主墩中心 2m 处为 5m 高，顶板宽为全幅整体式 37m，箱梁顶板设 2％双向横坡，同一断面的腹板高度及全桥斜率保持一致，箱梁边腹板斜率为 1∶4.5，底板宽度从 0 号块 28m 随着梁高减小而增大至跨中处 29.3m，主桥除 0 号块节段长 12m、边跨现浇段长 6.5m 及合龙段每节长 2m，其余分为 9 对梁段，为 4×3m＋3×3.5m＋2×4m，采用对称平衡逐段支架浇筑法施工。

2　施工方案比较

钱江通道及接线工程南接线益农互通 45m＋75m＋45m 悬浇箱梁地处萧山区村镇，乡村公路密集，有部分厂区员工及村民通行，交通流量不大，安全隐患相对较少，但施工质量要求高，工期紧（12 个月），施工方案确定应遵循安全、技术可行、工期更短、经济的原则。

2.1　现场施工条件

（1）桥梁布置在地间及一条村道上，由于该地区为围海造地，多为泥沙粉土地质，地基状况偏差，基础处理采取将原地面压实，填筑 40cm 厚承台开挖弃干土压实，后填筑 60cm 宕渣压实，再浇筑 15cm 厚 C20 混凝土硬化。

（2）承台开挖弃土能得到有效利用及内部消化，避免外运弃土增加费用。

（3）人车流量相对偏少，场地宽阔，原村道宽度较窄，施工过程中改道相对影响较小。

（4）桥梁高度相对较低（10m），原地面及处理后的场地平整，支架形式简单，平均只有 5 至 6 层门架层高，相对支架投入较少，经济性好。

2.2 工期比较

钱江通道及接线工程合同工期紧，主桥施工由于受年后复工和下部施工转上部施工衔接问题及年后长达2个月连续降雨影响，实际施工工期只有10个月，两个墩相应块段必须同时施工。下面就两种施工方案工序时间进行比较：

(1)0号块施工工序时间：

①采用挂篮悬臂施工工序时间：0号支架搭设模板安装压载(25d)→底腹板及中横梁钢筋绑扎(12d)→波纹管定位(2d)→内模安装(4d)→底腹板及中横梁混凝土浇筑(1d)→顶板钢筋绑扎(4d)→混凝土浇筑(0.5d)→张拉压浆(7d)→挂篮安装压载(15d)。

②采用支架施工工序时间：0号支架搭设模板安装压载(25d)→底腹板及中横梁钢筋绑扎(12d)→波纹管定位(2d)→内模安装(4d)→底腹板及中横梁混凝土浇筑(1d)→顶板钢筋绑扎(4d)→混凝土浇筑(0.5d)→张拉压浆(7d)；支架施工可以缩短15d。

(2)悬浇节段施工工序时间：

①挂篮悬臂施工工序时间：底模清理调整(1d)→底腹板钢筋绑扎及波纹管定位(3d)→内模安装(1d)→顶板钢筋绑扎(2d)→混凝土浇筑(0.5d)→张拉压浆(7d)→移动挂蓝(2d)。

②支架节段施工工序时间：底模清理调整(1d)→底腹板钢筋绑扎及波纹管定位(3d)→内模安装(1d)→顶板钢筋绑扎(2d)→混凝土浇筑(0.5d)→张拉压浆(7d)；在施工N节段施工时，已完成$N+1$节段支架预压，以及配载预压在施工其他工序时进行，不占用节段施工时间；支架施工每对块件缩短施工周期2d，9对块件可以缩短18d。

(3)对称两个T构挂篮悬臂同步施工时，随着节段增加纵桥向空间而缩小，施工至合龙段时，合龙段长度只有2m，不能满足两副挂篮同时施工最后对称节段空间，因此两个T构施工时必须错开一个块件周期(16.5d)避免两副挂篮“碰头”；而碗扣支架节段施工没有上述问题，支架施工可以缩短33d。

(4)边跨现浇段均采用支架施工，可在施工其他块段同时施工，施工工序及工期均对比无差异。

2.3 安全性比较

(1)挂篮施工

①两联现浇箱梁宽跨比及挑臂宽度大、箱室多(单箱五室)、单个块段质量大(最大单个块段质量达377t)等特点，使用挂篮施工需采用后支点菱形挂篮，每套挂篮(包含模板)自重约170t，考虑单个块段自重及挂篮自重等因素，挂篮行走方式为无平衡重行走，挂篮施工混凝土浇筑过程中挂篮的倾覆稳定系数需达到3.2，挂篮行走过程中挂篮的倾覆稳定系数需达到11。此挂篮施工安全技术要求高及施工难度大，一般应用于跨大沟谷及江河中施工。

②益农互通桥位于杭州市萧山区，为钱塘江的入海口，紧临东海。浙江为台风频发地区，2009年“莫拉克”、2011年“梅花”、2012年“海葵”等为近年来本地区受影响较大台风，此重高承重及超宽幅挂篮施工抗台风及大风的稳定性较差，在满负荷承载时易发生倾覆，存在较大安全隐患且不可人为控制。

③挂篮施工易发生倾覆坍塌事故，尤其在挂篮行走、加载预压、混凝土浇筑过程中。挂篮行走时对平滚水平精度高、前行过程各方协调一致、加载预压及混凝土浇筑过程中必须确保对称性，否则造成不平衡受力极易发生倾覆坍塌事故。

(2)支架施工

①箱梁因上述的特殊结构及施工情况,采用支架施工时遇大风或台风天气,若因碗扣脚手架扣件损坏或没有上紧、脚手架连接不牢固、地基处理强度不够,容易导致脚手架发生坍塌。发生坍塌事故均属人为因素,加强现场管控及施工要求,支架施工抗台风性能才能提高。我项目在施工过程中经历了2012年“海葵”台风及暴雨的冲击,支架、模板、地基、构件无任何过大形变,很好地克服这些自然灾害所带来的安全问题。

②因桥底有村道穿越,支架施工可能会因车辆撞击或其他较大外力碰撞导致支架局部受损坍塌甚至支架整体坍塌事故。此桥下为村道,多为小型轿车及人力车通行,采用支架外侧围护措施、车辆减速带、夜间警示装置及导向牌将有效降低此种安全隐患。

③支架施工时主要为支架支撑受力,对基础做出详细的受力验算分析,做好基础处理工作,确保基础稳固及均匀受力是降低安全风险的有效措施。支架施工对个别隐性不平衡受力导致的倾覆坍塌起到有效控制的作用。施工过程中支架搭设部位均为施工块段的下一个块段处,为施工过程中的高空临边作业起到安全保障作用。

2.4 成本比较

(1)挂篮施工

整幅4个T构同时施工,采用挂篮施工需投入4副挂篮和4套定性钢模板以及相应辅助型钢,采用后支点菱形挂篮施工同支架施工对比,最大梁段质量377t(1号块混凝土145m^3)。每套挂篮(包含钢模板及其他辅助型钢)质量约170t,4副挂篮(含钢模板及其他辅助型钢)合计质量680t,每副挂篮悬吊、行走系统质量约30t,4副挂篮悬吊、行走系统合计质量120t,累计需投入挂篮设备共约800t。挂篮及模板采购价格按2011年12月市场行情价格7 000元/t计算,剩余残值按70%考虑回收,共需投入成本168万元。

(2)支架施工

①采用满堂碗扣支架搭设施工,每节段横桥向箱梁底板支架按间距90cm布设一排,纵桥向箱梁底板支架按间距60cm布设一排,高度按照每1.2m布设1层横竖向链接杆。整幅4个T构同时施工,每个T构需考虑3个节段底板支架,支架搭设横桥向长度按桥宽各外扩1m考虑,合计按39m计算,纵桥向长度按3个块段平均长度合计10.5m计算,横竖向链接杆按桥平均高度需布设9层。经计算一个T构需碗扣支架立杆8 550m(单位质量5.8kg/m),横桥向链接横杆6 318m(单位质量4.5kg/m),纵桥向链接横杆4 158m(单位质量4.8kg/m),剪刀撑钢管1 800m(单位质量4kg/m),每个T构需要碗扣支架合计105.2t,碗扣支架应用比较广泛,按70%残值摊销,碗扣支架采购单价根据市场价格7 000元/t计算,4个T构碗扣支架共需投入88.37万元。

②碗口支架上承托设置10cm×15cm方木为纵梁,每个T构需纵梁方木702m,上铺10cm×10cm间距30cm横向方木,每个T构需横向方木1 365m,4个T构共计需要方木96.72m^3。方木属于消耗件,按施工完无残值考虑,方木单价根据市场价格1 500元/m^3计算,共计需投入14.5万元。

③所有面板均采用鸿雁1.8cm厚竹胶板,每个T构考虑3个节段底板,每张新模板考虑周转3次后无残值,每个T构考虑3个节段底板正好全桥9个块段摊销完,经计算每个T构需考虑竹胶板(含损耗)400m^2,共计4个T构共计需要竹胶板1 600m^2。方木单价根据市场价

格 60 元/m^2 计算，共需投入 9.6 万元。

④每个节段斜腹板及翼板采用钢模板，每个 T 构需要钢模板 7t，共计需要钢模板 28t。钢模板因为应用范围窄，本桥完工按 50%残值考虑，模板采购价格根据市场价 7 000 元/t 计算，共计需投入 9.8 万元。

⑤0 号块、边跨现浇段、内模费用投入采用挂篮施工及支架施工两种方案成本较为相近不考虑差价。

⑥支架施工需考虑场地硬化用混凝土材料，根据本桥施工特点，挂篮施工同样需对 0 号块及边跨现浇段场地硬化，相较来说支架施工需多硬化处理 1～9 号块段投影面积。经计算 4 个 T 构 1～9 号块段总长度 122m，硬化处理宽度 41m，硬化厚度为 15cm，需消耗 750m^3 的 C20 混凝土，自拌 C20 混凝土成本价为 314.2 元/m^3，场地硬化成本费用合计 23.57 万元。

(3)费用比较

经过计算，支架施工比较挂篮施工减少投入 22.16 万元，且碗口支架在工程施工中应用性广泛，投资回收快，此成本计算过程均保守计算，挂篮只能专业用于悬臂浇筑桥梁施工，施工应用面相对较窄些，投入回收相对较慢。

3 结语

该桥通过改变施工方案，采用支架施工，能加快施工进度，工期比挂篮施工可减少 51d，减少了挂篮和钢模投入，增加效益 22.16 万元，箱梁的外观及质量能得到有效保证，同时也避免挂篮施工留下大量施工预留孔，安全风险系数下降至更低，施工操作方便，能保障现场各工种流水作业，不因工序而发生部分工种人员窝工现象，质量及安全均能满足设计要求。

参考文献

[1] 中华人民共和国行业标准. JTG/T F50—2011 公路桥涵施工技术规范[S]. 北京：人民交通出版社，2011.

[2] 钱江通道及接线工程南接线益农互通 45+75+45 现浇箱梁施工图纸.

[3] 钱江通道及接线工程南接线第九合同段项目变截面现浇箱梁施工方案.

[4] 杭州市交通工程质量安全监督局主办. 杭州交通工程造价管理.

高墩施工工艺的应用

王彬彬　郭书强

（中交三公局第一工程有限公司　北京市　100012）

摘　要：结合山岭重丘区的工程实践，探讨翻模施工在桥梁高墩施工中的应用，及高墩施工的技术质量控制。

关键词：高墩　施工　工艺

1　前言

随着我国多年山岭重丘区的桥梁建设，桥梁高墩施工工艺已基本完善，主要的施工工艺有落地脚手架施工技术、滑升模板技术、爬升模板技术和翻转模板技术。各施工单位应根据自身具体工程特点、施工条件以及单位自身的情况，选择经济合理、适合自身情况和满足特定工程需要的工艺手段，以达到确保工程质量、加快工程进度、节约工程成本的目的。本文主要介绍桥梁高墩施工工艺，以及该工艺的质量控制要素。

2　施工方案的选择

桥梁高墩施工常用的施工技术工艺有以下几种：

(1)落地脚手架施工法：材料多、人工多、成本高、费时，工期无法保证；

(2)滑模施工法：工期短，但必须耗用大量滑升支承杆，以及测量、施工定位所需的劲性骨架材料，成本较高；

(3)爬模施工法：劳动强度小，施工控制方便，但爬升结构体系复杂，工序较烦琐，成本也较高；

(4)翻模施工法：成本较低、省时，工期易保证，但施工控制和安全保证较难。

通过以上比较，采用成本较低的无支架翻模施工法，对施工工期、工程成本都有很大的益处，同时加强工程的质量、安全控制，防止工程事故的发生。

在高墩施工中还涉及混凝土施工方案的确定，一般情况下混凝土施工方案有3种，一是集中拌和、泵送运输；二是集中拌和、罐车运输、塔吊提升；三是现场搅拌。这3种施工方案进行分析比较，认为租赁泵机、搭设泵管的费用较高，而塔吊的租赁费用相对较少，且可兼作钢筋、模板、混凝土的提升设备，大大降低劳动强度，而第三种方案比较浪费原料，并且混凝土质量很难保证，因此决定采用第二种方案。

3　自带平台式模板的设计

根据施工方案，要在两个墩之间设立塔吊作为提升设备，因此在设计模板时，我们简化了结构，取消了提升体系，并将施工平台与模板结合在一起，做成自带平台式模板。

每套模板由两节 3m 长模板组成，每节模板由 4 块平面板拼装而成(图 1)：四角用 ϕ25mm 螺栓固定位置，三排；对面模板用 ϕ22mm 拉杆固定，三排三列。

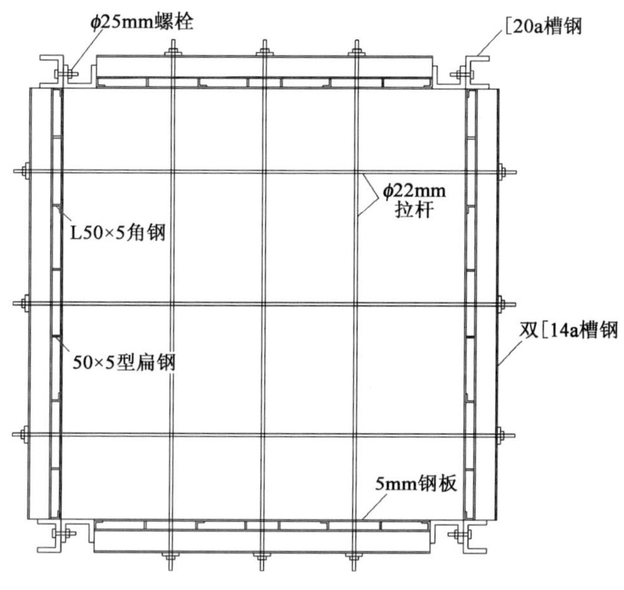

图 1　模板组成图(1)

模板的组成(图 2)：面板采用 5mm 厚的钢板；肋板采用 L50×5 型角钢和 50×5 型扁钢，间距约 30cm；竖楞采用[20a 型槽钢，两列，绑在模板侧边以减少竖向弯曲变形；横楞采用双[14a 型槽钢，三排，固定在肋板后面用于均匀拉杆的力量；模板外侧用角钢制作两级平台，上级平台用于模板安装和钢筋、混凝土施工，应较宽，下级平台仅用于模板安装，较窄，平台下铺木板、外围护栏及防落网，以确保施工安全；另外模板外还焊有上下爬梯。单块模板质量约 900kg，整体刚度较好。

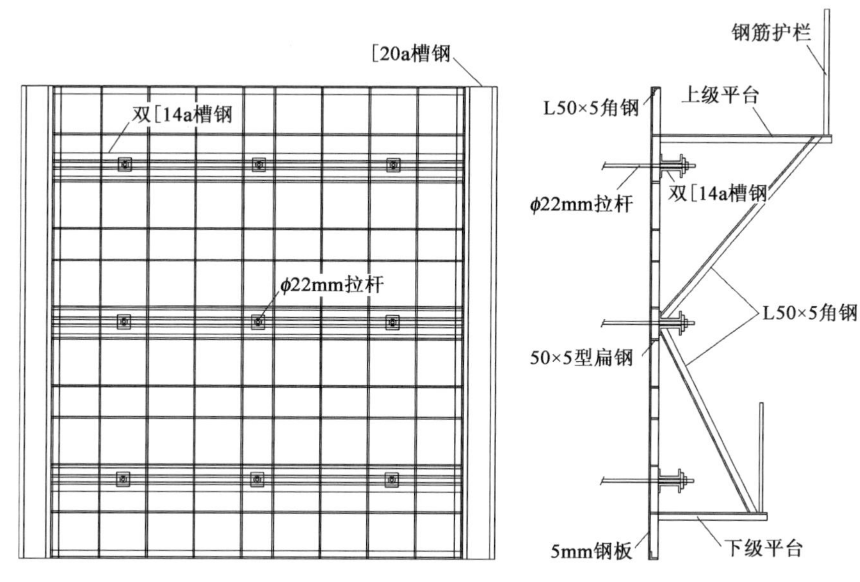

图 2　模板组成图(2)

4　模板的施工工艺

4.1　模板的安装

安装顺序：提升就位→下口用螺栓固定、上口拉稳→四面模板上完后用螺栓固定四角→上口位置调整→用缆风绳固定→上紧所有螺栓、拉杆。

单块模板利用塔吊提升就位，下口用螺栓与下方模板连接固定，上口用倒链暂时固定在钢筋笼上，待四面模板均就位后，在四角用螺栓初步上紧固定，再通过倒链对模板上口位置进行微调，最后紧固各螺栓、拉杆并用缆风固定，在有必要特别加固处还可适当增加拉、撑杆。

4.2　模板的拆卸

拆卸顺序：拆除拉杆→将模板用钢丝绳挂在塔吊的吊钩上→拆除周边螺栓→将模板撬离墩柱→用塔吊将模板放在地面上→清理模板。

拆除模板时要注意安全，为防止模板坠落事故，必须在拆除螺栓前将模板用钢丝绳挂在塔吊的吊钩上；另外，最好在拆除外侧（纵桥向）的两块模板之后，再拆除横桥向模板。

4.3　操作上的优点

（1）模板拆除后在地面上进行修整，减少了墩上的操作时间，较安全；

（2）仅有塔吊提升、倒链固定微调、人工上螺栓等几道简单的操作程序，操作简便、技术难度低，易于实行。

5　模板的垂直度控制

高桥墩由于墩身长细比较大，造成柔度较大，在施工过程中受日照温差、风力、机械振动及施工偏载等因素的影响，轴线容易发生弯曲和摆动，而且翻模施工的周期较长，使得墩柱的垂直度和顺直度均难以准确控制。在施工中可采取全站仪和激光垂准仪相结合的方法进行控制：

5.1　垂准仪观测点位的测定

承台施工完成后，在其顶面用全站仪测定四个角的位置，延伸出扩大点并标出记号作为垂准仪的观测点，如图3所示，延伸出的距离 a 根据实际情况确定，以方便观测、无遮挡为宜。

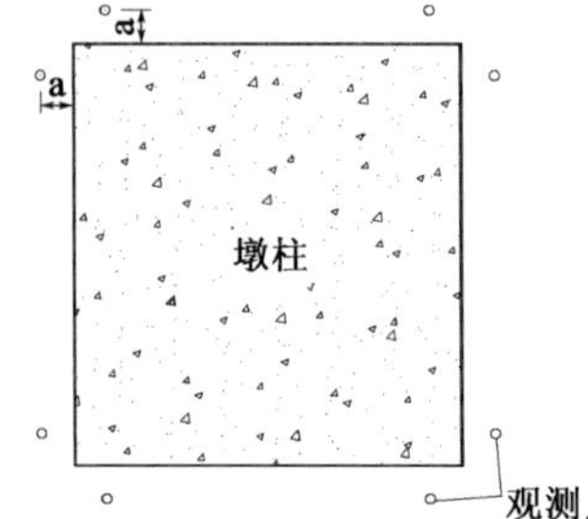

图3　垂准仪观测点示意图

5.2　利用垂准仪进行垂直度的观测

每次模板就位后，下口与下方模板对齐，上口利用垂准仪测定其位置，从而控制整块模板的垂直度。测量时，将垂准仪调平，下射激光线对准观测点位，上射激光线打在模板上口的挡板上，通过调整该点到模板内缘的距离与 a 值相等，即可保证模板垂直。

用垂准仪进行观测的优点：①一般情况下，垂直仪的有效射程大于100m，能满足施工需要；激光轴与视轴的误差不大于5″（即50m高柱的垂直度误差不大于1.2mm），误差较小且不易受外界环境的影响；②激光垂准仪仅6 000余元，较全站仪廉价得多，可给大桥配备一台专用，能做到随需随测；③垂准仪操作简便，可由桥梁技术员兼做操作员，减轻了测量队的负担；④调整模板某一点位置时，垂准仪支好后就不需再动，直至模板位置完全正确为止；如使用全站仪，在调整模板时需反复移动三角测杆。

缺点：如仪器本身有偏差，对高墩可能会导致垂直度偏差较大，因此须经常进行自检：观测时将仪器转4个90°，检查上方激光点是否有位移，如较小可进行平均，如较大则必须检修。

5.3 利用全站仪进行墩位复测

在墩柱施工到变截面、墩顶以及墩柱施工了较长高度时，应利用全站仪对墩位进行多次复测，各角点位置的偏差应控制在3mm以内。

5.4 垂直度观测时须注意的要点

在观测时应停止施工并卸掉平台上的设备，避免因机械振动和偏载对结果的不良影响；当墩柱施工到较高的高度时，还要考虑到日照温差和风力可能使墩柱产生弯曲，应尽量选择在清晨、阴天和风力不强时进行观测。

6 钢筋施工的质量控制

在高墩施工技术方案的制订中，主筋接长操作的质量和安全保证是考虑的重点。

6.1 钢筋直螺纹连接

为确保钢筋接头的质量、简化接长操作，我们决定采用直螺纹连接工艺。相对于常用的电弧焊接头，直螺纹接头有以下优点：

(1)虽然两者均能达到Ⅰ级接头的标准，但电弧焊接头受焊工技术的影响较大，竖向接头更难以施工，而直螺纹连接只需扳紧即可，质量易于保证。

(2)电弧焊接头需要专业电焊工进行操作，而直螺纹接头仅需在加工棚内用机械对钢筋滚丝和在墩柱上用扳手上紧套筒接头即可，操作简单，一般人员即可胜任，多人同时操作可大大缩短施工时间。

(3)成本相对较低，1个ϕ25mm钢筋的直螺纹套筒为5元，而双面电弧焊需多用钢筋125mm，约3.3元，电焊条约2.5元，且电费和工费也较多，估计1个接头的成本约多1.0元。

6.2 钢筋笼内架的设计

钢筋笼内架是保证钢筋笼位置和稳定性的关键，从而也是保证施工质量的一大要素。以钢筋笼内架采用四方柱结构为例说明，长宽尺寸约小于外围主筋的尺寸；内架的立柱采用3根钢管焊接而成，立柱之间用水平钢管焊接牢固，整体刚度好，能保证钢筋笼的稳定性；内架底部3m内无横向水平连接，在底节箍筋绑扎完成之后，能轻松地将之取出。

7 混凝土施工的质量控制

桥梁施工要做到“内实外美”，混凝土的质量及其施工工艺是一个很重要的因素。

7.1 模板拼缝的处理

要保证混凝土的平整度，模板本身就要平整光洁。在面板拼缝及个别下凹处先用机械腻子加以填平，再在面板上均匀地涂刷脱模剂。

在四角的模板拼缝处先贴上泡沫止浆带，以防止在混凝土施工中出现漏浆。

7.2 坍落度的范围

混凝土运输采用塔吊提升混凝土吊斗入模的方式进行，因此选择塑性混凝土，坍落度控制在70～90mm范围内。如坍落度过大,则拆模后混凝土表面会出现较多的水泡;如坍落度过小,则混凝土不易振捣密实,表面亦会出现蜂窝、麻面。

7.3 混凝土的浇筑

(1)混凝土自吊斗口下落的自由倾落高度不得超过2m,如超过2m时必须采取措施。应采用串筒、导管、溜槽或在模板侧面开门子洞的方法。

(2)浇筑混凝土时应分段分层进行,每层浇筑高度应根据结构特点、钢筋疏密决定。

一般分层高度为:插入式振动器应为其作用部分长度的1.25倍,最大不超过500mm;平板振动器最大不超过200mm。

(3)开动振动棒,振捣手握住振捣棒上端的软轴胶管,快速插入混凝土内部,振捣时,振捣棒上下略为抽动,振捣时间为20～30s,但以混凝土表面不再出现气泡、不再显著下沉、表面泛浆和表面形成水平面为准。使用插入式振动器应做到"快插慢拔",插点要均匀排列,逐点移动,按顺序进行,不得遗漏,做到均匀振实。移动间距不大于振动棒作用半径的1.5倍(一般为300～400mm),靠近模板距离不应小于200mm。振捣下一层时应插入上一层混凝土面50～100mm,以消除两层间的接缝。平板振动器的移动间距应能保证振动器的平板覆盖已振实部分边缘。

(4)浇筑混凝土应连续进行,如必须间歇,其间歇时间应尽量缩短,并应在前层混凝土初凝之前,将次层混凝土浇筑完毕。间歇的最长时间应该按所用水泥品种及混凝土初凝条件确定,一般超过2h应按施工缝处理。

(5)浇筑混凝土时应派专人经常观察模板钢筋、预留孔洞、预埋件、插筋等有无位移、变形或堵塞情况,发现问题应立即停止浇灌并应在已浇筑的混凝土初凝前修整完毕。

(6)浇筑完毕后,检查钢筋表面是否被混凝土污染,并及时擦洗干净。

7.4 施工缝的处理方法

对前次施工的混凝土接茬面(施工缝)要进行凿毛处理,钢筋表面的浮浆也要清除干净。常用的处理方法有:

(1)对施工缝处混凝土与面板的间隙,用掺加强力胶的水泥浆嵌填,厚度小于2mm。

(2)在浇筑混凝土前,先浇筑一定量的水泥砂浆,其用量应根据墩柱的直径或长、宽来定,一般情况下为0.1～0.3m^3,水泥砂浆的设计强度应比混凝土的设计强度高5～10MPa(拆模后用细砂纸将模板缝中漏出的水泥浆打磨平整)。

在混凝土浇筑前,还要将混凝土表面清扫干净,用喷壶均匀浇洒湿润,但表面不得有积水。

7.5 混凝土的养护

拆模后,立即对混凝土表面洒水湿润,用塑料薄膜包裹养护,不得少于7d。

8 安全施工

(1)施工前对工人进行操作培训,熟练掌握翻模作业程序,使其在工作中上下兼顾、左右协调,保证安全生产。

(2)施工平台焊接牢固、木板铺设牢固、安全网布设严密。

(3)塔吊起吊运输过程中信号传递明确及时;机械结构定期检查。

(4)拆模前,模板用钢丝绳挂牢,防止坠落。

(5)严格执行高空作业有关安全规定。

9 结语

通过对高墩施工工艺的阐述表明,虽然高墩施工难度较大,但是如果能够选择正确的施工方案,也能达到省钱、省料、省力、内在质量及外观质量均达到优良的标准,较理想地做到了“内实外光”。

参考文献

[1] 中华人民共和国行业标准.JTG/T F50—2011 公路桥涵施工技术规范[S].北京:人民交通出版社,2011.
[2] 交通部第一公路工程总公司.公路施工手册——桥涵[M].北京:人民交通出版社,2000.
[3] 杨文渊,等.简明公路施工手册[M].北京:人民交通出版社,2006.
[4] 中交第一公路工程局有限公司.公路工程施工工艺标准——桥涵[M].北京:人民交通出版社,2007.

桥梁挂篮悬臂施工技术分析

齐晓峰

（中交三公局第一工程有限公司　北京市　100012）

摘　要：采用挂篮悬臂技术能够很好地提高桥梁设计与建造的稳固性。本文首先概述了桥梁挂篮悬臂的工作原理，然后阐述了挂篮悬臂的施工技术。最后在探究施工过程控制的基础上，提出了施工过程中应该注意到的多方面事项。

关键词：桥梁　挂篮　悬臂　施工技术　分析

1　前言

在目前桥梁设计与建设中，挂篮悬臂技术占据十分重要的地位。它在应用方面的广泛性，决定了设计与施工人员要对其进行深入细致的研究。为了能够保证施工的效果与质量，对其施工技术进行分析意义深远。

2　桥梁挂篮悬臂概述

挂篮悬臂施工法是箱梁施工的常用方法，具有操作方便、施工速度快、结构轻盈等优点。特别是在跨越河流、山谷、湖泊等大型的桥梁施工中，挂篮悬臂技术使用更加广泛。在桥梁建筑中，挂篮是一个能够行走移动的活动支架，悬挂在已经张拉锚固的梁段上。在施工时，混凝土浇筑、钢筋绑扎和压浆等材料和工序均在挂篮上进行。可以说，挂篮既是空中的施工平台，也是一个承重结构。在桥梁工程建设中，挂篮悬臂技术已经比较成熟，但是挂篮一般应用在比较高的空中，其结构相对较为复杂，对施工的技术要求较高，因此，在桥梁建设中使用挂篮悬臂技术时要注意掌握其施工技术和要点，只有严格按照施工工艺制造的挂篮，才能确保施工质量。

挂篮悬臂施工是悬臂浇筑法施工中重要的施工方法，它的优点在于结构轻巧，操作方便，而且省去了使用大型吊机的麻烦。在施工中采用挂篮施工，可就地分段悬臂作业，在浇完一对梁段，进行预应力锚固后，可向前移动挂篮，再进行下一段浇筑。这样不但施工方便，而且大大加快了施工进度。由于挂篮要挂在悬臂上进行施工，既是一个承重结构，又要充当操作平台，因此在挂篮的设计中要设计出强度高、稳定性强、运动轻巧的挂篮，尽量减轻挂篮自身的重量，同时保证挂篮施工的质量和安全。

3　挂篮悬臂施工技术

目前桥梁施工大多采用悬臂浇筑法，挂篮正是悬臂浇筑法施工的主要设备。在桥梁建设中,可采用的挂篮有多种类型,如压重式、自锚式、斜拉式。我国常用的挂篮为自锚平衡式。自锚平衡式挂篮还可分为桁架式和斜拉式,两者相比较,斜拉式挂篮具有结构简单、重量轻、变形小等优点。组合斜拉式挂篮是斜拉式挂篮的一种,通过大量成桥使用后的优化改进,组合斜拉式挂篮构造已日趋完善。

3.1 制作挂篮悬臂

在桥梁挂篮悬臂施工中,挂篮制作安装工作人员应该严格遵循安装顺序,在挂篮安装之前,全方位检查桥梁的施工现场,落实到位的施工技术人员、设备以及资料等。在挂篮安装过程中,落实挂篮安全监测工作,并在挂篮的周围做好相应的安全防护。另外在挂篮悬臂制作之前,遵循分析设计图纸进行设计,确保挂篮悬臂的安全性能。对制作好的挂篮还应该进行检查安装构架是否存在安全隐患,保证挂篮悬臂安装工作的顺利完成。

3.2 控制挂篮中钢筋混凝土的浇筑施工

挂篮悬臂作为桥梁施工中的重要部位,施工人员应加强对挂篮悬臂中钢筋混凝土浇筑施工的重视程度。在钢筋混凝土的浇筑过程中,注重各个施工环节,保证挂篮中钢筋混凝土的浇筑施工质量。施工时,为了实现挂篮悬臂的操作,也要实现支架模板的安装,完成钢筋和混凝土浇筑施工的工期大约为1周,以加强对混凝土的保养。借助挂篮悬臂支撑力强的特征,施工人员可在操作台上开展钢筋混凝土的浇筑施工,更能灵活运载施工材料。同时,在钢筋混凝土浇筑施工之前,施工人员应该严格控制钢筋、锚头的数量,掌握锚头的安装位置,并综合分析施工情况,采取可行性的施工方案,确保钢筋混凝土浇筑施工的顺利进行。

3.3 挂篮悬臂中挂篮的预压试验

在桥梁挂篮悬臂施工中,在使用新挂篮之前,必须对主桁架等构件进行预压试验,避免出现非弹性变形现象,杜绝安全事故的发生,充分保障施工安全,以满足实际施工质量要求。在安装完桥梁挂篮悬臂后,还需要进行荷载试验,正确测量出桥梁挂篮悬臂的承载能力。大多情况下,桥梁挂篮悬臂荷载大约为最大节段重量的1.5倍。在桥梁挂篮悬臂荷载试验中,施工人员应该全面记录挂篮的加载以及变形情况,制定科学的立模高程,确保箱梁线形。

4 施工过程控制

4.1 线形控制

项目部在悬臂现浇施工中,进行信息化施工过程跟踪监控,随时准备反馈及预测各种工况条件下的应力、变形,确保合龙精度。为保证箱梁结构尺寸满足设计要求,施工中的线形控制十分重要,箱梁的线型控制包括标高控制、中线控制、跨度及断面尺寸控制。

4.2 高程控制

影响箱梁悬臂端产生挠度的主要因素有:梁体结构自重、施工荷载、挂篮结构的变形和气温等。0号梁段施工完毕后,在其中部顶横向两侧设临时水准点,作为箱梁施工高程控制点,并与两岸的水准点进行联测。在每节段设水准观测点9个,其中6个设于模板表面,3个设于混凝土灌注完后梁顶面。

4.3 中线控制

在0号梁段施工完毕后的梁顶中部设中线控制点,并与两端中线控制点联测。中线测量包括三个阶段:挂篮定位控制、混凝土灌注前控制和混凝土灌注后复测。

4.4 节段长度及截面尺寸控制

每节段施工完毕后，用钢尺对梁体长度、断面底板厚度、腹板厚度、顶板厚度、两翼板宽度及顶板总宽度进行复核，有误差时在下一个节段及时予以调整。

5 挂篮悬臂施工注意事项

(1)在挂篮悬臂施工之前，施工监理人员应该根据实际施工需求，对于施工环境以及施工方案进行深入分析与探讨，同时针对出现的施工环境以及施工方案问题，进行相应的解决，将质量以及安全问题消灭于施工之前。

(2)施工监理人员还应该对施工材料以及材料使用情况进行管理，保证施工工程中使用合格的材料，避免出现问题材料或以次充好问题的出现，否则会严重影响挂篮悬臂施工安全以及质量；其次，施工技术问题是实际挂篮悬臂施工中的最大问题，技术问题属于挂篮悬臂施工中的软性问题，对于出现的技术问题，监管人员应该及时向有关技术人员进行报告，使得挂篮悬臂施工技术问题得到最快解决。

(3)对于已经完成的挂篮悬臂，监管人员还应该做好挂篮悬臂的检测，包括质量以及安全方面的检测，对于检测合格的挂篮悬臂，施工企业可以在桥梁施工中放心使用，而对存在安全以及质量问题的挂篮悬臂，施工企业应该及时发现问题，进行返工，达到施工质量以及安全标准之后，才可以进行施工运用。除了以上注意事项外，施工企业还应该注意安装挂篮后进行静载试验。静载试验的主要目的是进一步测试挂篮悬臂的质量以及安全性。在挂篮行走时，施工企业应该注意尽量放慢挂篮的速度，避免出现挂篮变形以及扭曲问题。

(4)预应力混凝土结构依靠预应力全系统承载桥梁的荷载，预应力体系若出现问题，会带来严重的桥梁质量问题，为了避免预应力筋锈蚀导致应力损失，提高混凝土结构的安全性和长久性，在预应力张拉完成后应该尽快进行压浆，除非存在一些特殊原因。另外，为了保证孔道的压浆能够达到一定的饱满度，要严格控制水泥浆的配合比和二次稳压的时间。

6 结语

通过对桥梁挂篮悬臂施工技术的分析，我们可以发现，挂篮悬臂在施工过程中要有严格的控制技术。同时，挂篮悬臂施工还有很多方面的注意事项，这都值得包括设计、建筑、监理等方面在内的相关人员深入掌握。

参考文献

[1] 胡会轩.挂篮悬臂技术在桥梁施工中的应用探索[J].中国建筑金属结构，2013(4)：63-64.

[2] 吕继奎，董书贵.浅谈桥梁施工中单侧挂篮悬臂法及施工要点[J].科技创业家，2013(4)：26-27.

[3] 徐会超.桥梁挂篮悬臂浇筑法施工技术分析[J].中国高新技术企业，2010(17)：183-184.

[4] 蓝强.浅议桥梁施工中的挂篮悬臂技术[J].华章，2011(8)：263-264.

[5] 周呈强.预应力悬臂箱梁宽幅式挂篮施工设计[J].沿海企业与科技，2012(3)：22-23.

混凝土桥梁裂缝的成因及处理办法

郭 鹏 王 启

(中交三公局第一工程有限公司 北京市 100012)

摘 要:文章主要分析混凝土结构裂缝的成因以及裂缝的处理方法。

关键词:混凝土 裂缝 成因 处理方法

1 引言

改革开放以来,我国公路建设事业迅猛发展,尤其是高速公路建设,从无到有,已建成8 700km。作为公路建设重要组成部分的桥梁建设也得到相应发展,跨越大江(河)、海峡(湾)的长大桥梁建设也相继修建,一般公路和高等级公路上的中、小桥、立交桥,形式多样,工程质量不断提高,为公路运输提供了安全、舒适的服务。随着经济的发展、综合国力增强,我国的建筑材料、设备、建筑技术都有了较快发展。特别是电子计算技术的广泛应用,为广大工程技术人员提供了方便、快捷的计算分析手段。更重要的是我国的经济政策为公路事业发展提供多元化的筹资渠道,保证了建设资金来源。我国广大桥梁工作者,充分认识到这一可贵、难得的机遇,竭尽全力,发挥自己的聪明才智,为我国公路桥梁建设事业,积极工作,做出贡献。

2 分析混凝土结构裂缝产生原因

桥梁的建设,都离不开对混凝土的应用,混凝土裂缝是混凝土质量通病之一,混凝土结构裂缝的成因复杂、繁多,按其产生的原因大致可以分成两类:一种是由荷载(即永久荷载中的结构重力及基本可变荷载中的汽车荷载、人群荷载与履带车、挂车荷载等)所引起的裂缝,这就是指在正常荷载作用下,由于构件下缘拉应力超过混凝土抗拉强度而使受拉区混凝土产生裂缝,称为正常裂缝;另一种裂缝习惯上称为非正常裂缝,它往往是由于混凝土的收缩、拆模时间不当、养护不周、构造形式不妥引起应力集中等原因造成,这一类裂缝只要在设计施工中采取一定的相应措施,大部分是可以加以限制并被克服的。

3 混凝土结构裂缝的划分

根据混凝土桥梁裂缝的成因,将裂缝大致可细划为荷载裂缝、温度变化引起的裂缝、收缩裂缝、不均匀受力产生的裂缝、钢筋锈蚀引起的裂缝、冻胀引起的裂缝、施工材料质量引起的裂缝、施工工艺引起的裂缝。

3.1 荷载裂缝

混凝土桥梁在静、动荷载及次应力下产生的裂缝称荷载裂缝,主要有直接裂缝、次应力裂缝两种。直接应力裂缝是指外荷载引起的直接应力产生的裂缝;次应力裂缝是指由外荷载引起的次生应力产生裂缝。

3.2 温度变化引起的裂缝

混凝土具有热胀冷缩性质,当外部环境或内部温度发生变化,混凝土将发生变形,若变形遭到约束,则在结构内将产生应力,当应力超过混凝土抗拉强度时即产生温度裂缝。在某些大跨径桥梁中,温度应力可以达到甚至超出活载应力。温度裂缝区别其他裂缝最主要特征是将随温度变化而扩张或合拢。引起温度变化主要因素有:年温差、日照、骤然降温、水化热、蒸汽养护或冬季施工措施不当等。

3.3 收缩裂缝

在实际工程中,混凝土因收缩所引起的裂缝是最常见的。在混凝土收缩种类中,塑性收缩和缩水收缩(干缩)是发生混凝土体积变形的主要原因,另外还有自生收缩和碳化收缩。研究表明,影响混凝土收缩裂缝的主要因素有:水泥品种、强度等级及用量、集料品种、水灰比、外掺剂、养护方法、外界环境、振捣方式及时间。

3.4 不均匀受力产生的裂缝

由于基础竖向不均匀沉降或水平方向位移,使结构中产生附加应力,超出混凝土结构的抗拉能力,导致结构开裂。基础不均匀沉降的主要原因有:地质勘察精度不够、试验资料不准;地基地质差异过大;结构荷载差异过大;结构基础类型差别过大;地基冻胀;桥梁基础基于滑坡体、溶洞或活动断层等不良地质时,也可能造成不均匀沉降。

3.5 钢筋锈蚀引起的结构裂缝

要防止钢筋锈蚀,设计时应根据规范要求控制裂缝宽度、采用足够的保护层厚度(当然保护层亦不能太厚,否则构件有效高度减小,受力时将加大裂缝宽度);施工时应控制混凝土的水灰比,加强振捣,保证混凝土的密实性,防止氧气侵入,同时严格控制含氯盐的外加剂用量,沿海地区或其他存在腐蚀性强的空气、地下水地区尤其应慎重。

3.6 冻胀引起的裂缝

大气气温低于0℃时,吸水饱和的混凝土出现冰冻,游离的水转变成冰,体积膨胀9%,因而混凝土产生膨胀应力;同时混凝土凝胶孔中的过冷水(结冰温度在−78℃以下)在微观结构中迁移和重分布引起渗透压,使混凝土中膨胀力加大,混凝土强度降低,并导致裂缝出现。尤其是混凝土初凝时受冻最严重,成龄后混凝土强度损失可达30%~50%。冬季施工时对预应力孔道灌浆后若不采取保温措施也可能发生沿管道方向的冻胀裂缝。

3.7 施工材料质量引起的裂缝

施工材料质量引起的裂缝。混凝土主要由水泥、砂、集料、拌和水及外加剂组成。配制混凝土所采用材料质量不合格,可能导致结构出现裂缝。如水泥、砂、石料、拌和水及外加剂等。

3.8 施工工艺引起的裂缝

在混凝土结构浇筑、构件制作、起模、运输、堆放、拼装及吊装过程中,若施工工艺不合理、施工质量低劣,容易产生纵向、横向等各种裂缝,特别是细长薄壁结构更容易出现。

3.9 处理的办法

表面处理法:包括表面涂抹和表面贴补法,表面涂抹适用范围是浆材难以灌入的细而浅的裂缝,深度未达到钢筋表面的发丝裂缝,不漏水的裂缝,不伸缩的裂缝以及不在活动的裂缝。

表面贴补（木工膜或其他防水片）法适用于大面积漏水（蜂窝麻面等或不易确定具体漏水位置、变形缝）的防渗堵漏。

填充法：用修补材料直接填充裂缝，一般用来修补较宽的裂缝（0.3mm），作业简单，费用低。宽度小于0.3mm，深度较浅的裂缝，以及小规模裂缝的简易处理可采用取开V形槽，然后作填充处理。

灌浆法：此法应用范围广，从细微裂缝到大裂缝均可适用，处理效果好。

结构补强法：因超荷载产生的裂缝、裂缝长时间不处理导致的混凝土耐久性降低、火灾造成裂缝等影响结构强度可采取结构补强法、锚固补强法、预应力法等。

4 裂缝检测方法

混凝土裂缝处理效果的检查：包括修补材料试验、钻芯取样试验、压水试验、压气试验等。

5 结语

由上述可知，设计疏漏、施工低劣、监理不力，均可能使混凝土桥梁出现裂缝。因此，严格按照国家有关规范、技术标准进行设计、施工和监理，是保证结构安全耐用的前提和基础。在运营管理过程中，进一步加强巡查和管理，及时发现和处理问题，也是相当重要的环节。

参考文献

[1] 李建军，熊保林，张勇，等. 高速公路混凝土工程质量通病防治技术[M]. 北京：人民交通出版社，2012.

[2] 王惠忠. 大体积混凝土裂缝控制技术及其应用[J]. 福建建材，2008，9(6)：72-75.

如何在施工中提高盐类结晶破坏环境下隧道衬砌混凝土的抗侵蚀能力

李鹏华

（中交三公局第一工程有限公司　北京市　100012）

摘　要:盐溶液对混凝土的侵蚀是导致混凝土结构化劣的重要原因,如何在不同的水文地质环境下选择相应的施工工艺或措施、试验等来提高混凝土的抗盐类结晶侵蚀能力是在工程实践中经常面临的一个难题。本文针对混凝土盐结晶侵蚀问题,运用混凝土材料科学、物理化学、热力学及结晶学等基本原理,通过现场采取施工措施、混凝土材料控制、胶凝材料抗侵蚀试验等方法,确定了在盐结晶破坏环境下隧道二衬高性能混凝土的施工中,施工措施的确定、原材料的选择及掺入适量的粉煤灰和引气剂可以大大提高混凝土的抗盐类结晶侵蚀能力。

关键词:盐类结晶　侵蚀　隧道衬砌

1　概述

混凝土由于具有良好的施工性能以及经济、耐久等特点,一直是土木工程中用量最大的结构材料。然而,随着社会的发展,混凝土服役的环境变得日趋复杂,人们发现混凝土材料在某些环境条件下并没有所预期的那样耐久。特别是近年来,混凝土结构物因材质劣化在未达到设计寿命期时就失效以致破坏崩塌的事故在全世界范围内屡见不鲜,且有愈演愈烈之势。我国建设工程上遇到的盐类结晶膨胀侵蚀引起的混凝土物理性破坏亦屡见不鲜,例如贵昆铁路、成昆铁路某些隧道的混凝土衬砌,在侵蚀性环境水作用下,衬砌混凝土背水面在3～5年之内即呈溃烂,而靠近迎水面一侧的混凝土则仍然很坚实,显然这是由物理性破坏所引起的。我国西南、西北和沿海的混凝土工程常常面临高浓度卤水或盐渍土壤对水泥混凝土的侵蚀,其侵蚀作用异常明显。除了环境水中硫酸盐和氯盐对水泥石的强烈化学腐蚀作用之外,在结构的干湿变化部位,由于叠加了盐类结晶膨胀的物理性破坏因素,加速了混凝土破坏,成为这类地区混凝土受盐侵蚀破坏的重要特征。在侵蚀环境下,没有任何防护措施的普通混凝土可能在短短几个月内被剥蚀、脱落,造成钢筋的保护层减小、甚至漏筋的现象,严重威胁结构及建筑物的安全,对社会生产和人身安全构成极大威胁,因此侵蚀环境下混凝土的施工研究就显得格外重要。

北京至沈阳铁路客运专线辽宁阜新段的三棱山隧道出口DK500＋100～DK502＋303段(出口桩号为DK502＋303,从大里程向小里程方向掘进)地下水具盐类结晶侵蚀性,环境作用等级为Y2,混凝土强度设计等级为C40(按设计规程比没有Y2环境下衬砌已提高一个等级,设计年限100年),用于隧道衬砌及仰拱。根据规范要求,Y2为盐类结晶破坏环境,需做56d

抗硫酸盐结晶破坏等级试验项目，该项目试件成型后56d开始试验，做干湿循环120次，每次循环需1d，故试验周期为120d，加成型时间56d，总共需176d。如何提高隧道衬砌高性能混凝土的抗盐结晶侵蚀能力是本隧道施工的一个难点。

2 盐类结晶侵蚀

查阅相关规范、行业标准，其Y2为盐类结晶破坏环境，盐结晶产生的混凝土膨胀和剥蚀破坏随着盐浓度和干湿循环次数的增加明显增大，且超过一定干湿循环次数后，混凝土经干燥后非但不收缩，反而继续膨胀；盐晶体刚开始主要起密实与增强作用，只有当盐晶体量超过一定值后，才会引起混凝土发生膨胀和破坏；引气可以显著降低和延缓混凝土的盐结晶破坏。

盐类物质对混凝土的化学腐蚀：主要为SO_4^{2-}对混凝土的化学腐蚀，本隧道土壤含盐量分析报告中易溶盐化学成分的SO_4^{2-}阴离子浓度最大为360mg/kg，以此可以确定为钙矾石型硫酸盐侵蚀模式。环境中的SO_4^{2-}离子通过毛细孔进入混凝土内部与水泥石中的氢氧化钙和水化铝酸钙反应生成水化铝酸三钙（钙矾石），钙矾石的形成会使体积增大，在水泥石内部引起很大的内应力。在这种化学腐蚀下，主要取决于混凝土的致密度、水泥用量、水泥中的C_3A含量、水泥的抗蚀性、保护层厚度。

盐类物质对混凝土的物理侵蚀：所谓盐类结晶破坏，是指在水位变化范围内或干湿循环区内的混凝土，在潮湿状态下，通过毛细作用吸进各种可溶性盐溶液，在干燥条件下经蒸发、浓缩而结晶。此过程使毛细管产生很大的结晶压力而导致混凝土破坏。盐碱土中环境水的溶解固体可达每升数万毫克以上，水质呈碱性，pH值在8～12之间。本隧道土壤含盐量分析报告中pH最高值达到9.1，呈碱性。这种物理破坏主要集中在干湿交替部位，取决于和水的接触程度和空气接触的干湿状态。

3 提高抗盐类结晶侵蚀能力的几点思路或措施

为了降低混凝土在盐类结晶环境下的破坏程度，保证混凝土的施工质量，可采取以下加强措施。

3.1 现场施工

在实际施工过程中严把各道工序施工质量，或者对某道工序稍作调整，使其最大性能发挥抗硫酸盐结晶侵蚀。比如增大钢筋保护层厚度，减少盐类对混凝土的化学腐蚀；严格控制防水板的焊接质量，确保衬砌混凝土与围岩水的隔离；严格控制混凝土入模含气量，保证混凝土的密实性。

3.2 原材料控制

若要保证衬砌混凝土的质量，必须从源头抓起，保证进场的各种材料与侵蚀破坏有关的各项指标符合设计及规范要求。比如严格控制胶凝材料的抗蚀系数，把好材料进场关，确保进场的胶凝材料抗蚀系数满足规范要求；严格控制骨料的含泥量，减少盐类结晶的作用空间。

3.3 严格配合比设计

通过掺入粉煤灰、引气剂和矿粉来提高混凝土抗盐结晶侵蚀能力。

4 现场施工

现场施工是结构物成形的最后一道工序，明确设计及技术规范，了解设计背景及意图，严格技术交底，增强现场施工人员的质量意识，做到事前、事中、事后全过程控制，注重施工中的每个细节或环节，通过自检和监理监督，使质量达到可控状态。

4.1 加大衬砌混凝土的钢筋保护层厚度，减少盐类对混凝土的化学腐蚀

三棱山隧道衬砌钢筋保护层由原设计的58mm（混凝土表面到主筋 ϕ22mm 中心 69mm，混凝土表面到主筋 ϕ22mm 表面 58mm，除去 ϕ8mm 筋钢筋净保护层厚度为 50mm）调整至68mm，钢筋保护层规范规定允许偏差为＋10mm、－5mm，即按允许正值的上限控制，不能出现负偏差。《铁路混凝土结构耐久性设计规范》（TB 10005—2010）在隧道混凝土结构钢筋的混凝土保护层最小厚度中说明：当隧道衬砌采用钢筋混凝土结构时，其迎水面钢筋的混凝土保护层最小厚度不应小于 50mm；当条件许可时，盐类结晶破坏环境和严重腐蚀环境下，隧道混凝土结构钢筋的最小保护层厚度应适当增加。可通过增加保护层厚度来减少盐类对混凝土的化学腐蚀。

4.2 严格控制防水板的焊接质量，确保衬砌混凝土与围岩水的隔离

防水板的搭接宽度不应小于 15cm，搭接接缝与施工缝错开至少 100cm；每道焊缝须采用双焊缝焊接，每一单焊缝宽度不小于 15mm；焊缝应无漏焊、假焊、焊焦、焊穿等现象，漏焊、假焊应补焊，焊焦、焊穿处，以及外露的固定点，应采用同质材料覆盖焊接；每道焊缝均需通过充气检查，并满足规范要求。注重过程控制，符合监理程序，确保防水板真正起到应有的作用，减少因防水的施工质量差影响到围岩水与衬砌混凝土接触所导致的混凝土侵蚀。

4.3 严格控制混凝土入模含气量，保证混凝土的密实性

规范规定含气量不大于 4%，若超标会导致强度、弹性模量、体积稳定性、密实度、表观密度降低，抗渗性、抗氯离子渗透性等耐久性能指标的降低。混凝土到达现场后进行含气量测定，合格后方可进行混凝土浇筑。

5 原材料控制

原材料质量的好坏直接影响到结构物成形后的实体质量，若要保证衬砌混凝土的质量，必须从源头抓起，保证进场的各种材料各项与侵蚀破坏有关的指标符合设计及规范要求。

5.1 严格控制胶凝材料的抗蚀系数，把好材料进场关

抗蚀系数过小，膨胀率增大，导致抗硫酸盐侵蚀能力越差。在中华人民共和国铁道行业标准《铁路混凝土》（TB/T 3275—2011）中水泥的性能要求：当混凝土结构所处环境为硫酸盐化学侵蚀环境时，混凝土应采用低 C_3A（规定值不大于 8）含量的水泥，且胶凝材料的抗蚀系数（56d）不应小于 0.8；当集料具有碱—硅酸反应活性时，水泥的碱含量不应超过 0.6%；C40 及以上混凝土用水泥的碱含量不宜超过 0.6%。本隧道前期外围的水泥原材料试验结果显示，其以上指标均符合要求、混凝土用集料碱活性试验报告数据、施工用水及其他原材试验数据均满足规范要求。目前所用水泥为辽宁恒威水泥集团有限公司生产的低碱水泥，粉煤灰为阜新鑫源粉煤灰建筑材料有限责任公司生产的 F 类粉煤灰，矿渣粉为凌源市富源矿业有限责任公司生产的 S95 级矿渣粉。通过加大抽检频率，主动与生产厂家联系，生产过程中胶凝材料各项

指标要求可控，从源头控制水泥等胶凝材料的抗蚀系数，确保进场的胶凝材料抗蚀系数满足规范要求。

5.2 严格控制集料的含泥量，减少盐类结晶的作用空间

集料中含泥量超标会导致混凝土的密实度、强度受到影响，胶凝材料与集料的黏结力下降，使混凝土开裂，从而会加速盐类物质对混凝土的侵蚀。凡是衬砌混凝土用集料进场后自检含泥量，合格方可用于衬砌混凝土施工。

6 隧道衬砌配合比

三棱山隧道衬砌混凝土原材料满足《铁路混凝土结构耐久性设计规范》(TB 10005—2010)的技术要求，混凝土设计强度等级为C40。混凝土结构能否既满足设计强度的要求又具有较高的抗盐结晶侵蚀能力，其关键在于混凝土配合比的设计。通过多次实验，确定了粉煤灰掺量在30%、矿粉掺量在20%、引气剂掺量在0.2%时，混凝土既能满足设计强度要求又具有较高的抗盐结晶侵蚀能力。

6.1 原材料选用

隧道衬砌混凝土所用原材料必须满足耐久性混凝土的技术要求，基本情况见表1。

配合比用原材料的基本情况 表1

材料名称	产地	规格
水泥	辽宁恒威	P.O 42.5(低碱)
粉煤灰	阜新鑫源	F类
碎石	阜新蒙古族自治县海兴矿业	5~25mm
砂	阜新蒙古族自治县杜建河沙	中砂
矿粉	凌源市富源矿业	S95级
引气剂	河北金舵	RB-10b
减水剂	河北金舵	JD-9型(标准型)
水	井水	

6.2 配合比

对配合比进行试验，混凝土56d的6h电通量为704C，其渗透能力很低，每立方米混凝土材料用量见表2。

每方混凝土材料用量(kg) 表2

水泥	粉煤灰	碎石	砂	矿粉	引气剂	减水剂	水
216	130	1 057	734	87	0.866	4.33	156

工地现场检验，混凝土和易性和保水性良好，满足衬砌泵送混凝土要求。

6.3 抗盐结晶侵蚀试验

由于SO_4^{2-}是与水泥石中的矿物发生化学反应，从而对混凝土产生侵蚀，所以采用胶凝材料抗侵蚀性能快速试验的方法，对掺加粉煤灰、矿粉和引气剂对于混凝土抗侵蚀性能的影响，做了下面的试验。

分别对恒威P.O42.5水泥，掺加30%粉煤灰、20%矿粉的恒威P.O42.5水泥，在掺加

30%粉煤灰、20%矿粉的基础上加入引气剂的恒威 P.O42.5 水泥，进行抗蚀系数试验。

6.4 试验结果

试块养护 28d 后进行抗折强度试验，结果见表 3。

实验结果　　表 3

试　　块	侵蚀溶液(3%硫酸钠)中浸泡后抗折强度(MPa)	饮用水中浸泡后抗折强度(MPa)	抗蚀系数
水泥胶砂	8.49	8.92	0.84
掺加 30%粉煤灰、20%矿粉的水泥胶砂	8.57	9.12	0.94
掺加 30%粉煤灰、20%矿粉和引气剂的水泥胶砂	8.97	9.20	0.98

由以上试验结果可以看出，掺加 30%粉煤灰、20%矿粉的胶凝材料抗蚀系数比水泥的抗蚀系数高 0.1，在掺加 30%粉煤灰、20%矿粉的基础上加入引气剂可使混凝土的抗蚀系数比水泥的抗蚀系数高 0.14。

6.5 机理分析

粉煤灰中活性成分火山灰反应生成的水化硅酸钙凝胶能填塞水泥石中的毛细空隙，堵塞渗透通道，增大了渗透阻力。粉煤灰的微集料效应造成的致密势能能有效减小混凝土孔隙，使混凝土的抗渗性提高。粉煤灰比较细，本身具有良好的填充性能，提高了混凝土的密实度，还可以改善混凝土的孔结构，减少孔连接，有利于提高混凝土的抗渗能力。混凝土抗渗能力的提高，大大降低了 SO_4^{2-} 的侵入，提高了混凝土的抗侵蚀能力。

粉煤灰中的活性氧化硅和活性氧化铝能与混凝土中的 $Ca(OH)_2$ 反应生成水化硅酸钙和水化铝酸钙，使混凝土中 $Ca(OH)_2$ 浓度降低，石膏及钙矾石生成数量相应减少，缓解了结晶膨胀。同时，此反应消耗了混凝土中薄弱的 $Ca(OH)_2$ 结晶，大大降低了混凝土内部孔隙率，改善了混凝土结构，提高了混凝土的密实度，直接抑制 SO_4^{2-} 的侵入。

矿粉的作用和粉煤灰的基本相同，可降低水化热，从而减小因水化热产生的裂缝受盐结晶侵蚀，加速混凝土的破坏。

超细矿粉对混凝土的抗渗性的改善主要取决于其两个综合效应：一是火山灰效应，二是微集料效应。火山灰效应：矿渣改变了胶结料与集料的界面黏结强度，普通混凝土的浆体与集料的界面黏结受水化产物定向排列的影响而强度降低。矿渣微粉吸收水泥水化时形成的 $Ca(OH)_2$，并进一步水化生成更多有利的 C-S-H 凝胶，使界面区的晶粒变小，改善了混凝土的微观结构，使水泥浆体的孔隙率明显下降，强化了集料界面黏结力，从而使混凝土的抗渗性能提高。微集料效应：混凝土体系可理解为连续级配的颗粒堆积体系，粗集料间隙由细集料填充，细集料间隙由水泥填充，水泥颗粒之间的间隙则由更细的颗粒填充。矿渣微粉可起到填充水泥颗粒间隙的微集料作用，从而改善了混凝土的孔结构，降低了孔隙率，并减少了最大孔径的尺寸，使混凝土形成了密实充填结构和细观层次的自紧密堆积体系，大幅度提高了混凝土的抗渗性能，同时也防止了泌水、离析现象。

掺加矿粉或粉煤灰的高性能混凝土可用于抵制干湿交替环境中的水侵蚀和浓度较高的硫

酸盐侵蚀。矿渣和粉煤灰复合掺加，两种材料的火山灰效应、形态效应和微集料效应相互叠加，形成“工作性能互补效应”和“强度互补效应”，使混凝土具有良好的抗渗性和可泵性。

引气剂及高效减水剂可以提高混凝土密实性及抗渗性能。掺加引气剂及高效减水剂的高性能混凝土的水灰比都在 0.5 以下，甚至可达 0.3 以下，混凝土中孔隙率改变，加之引气剂产生的细小均匀独立而不相通的气泡，有效地隔断了混凝土中的毛细孔通道，防止水分渗透。多种方法测试说明，掺有引气剂的混凝土抗渗等级可达 S12 以上，即在 2MPa 以上水压下也不会透水。工程实践说明，以引气剂及减水剂配制的混凝土无须再采取其他的防水措施，即可达到防水抗渗目的。

7 结语

硫酸盐结晶侵蚀对混凝土有很大的破坏作用，给社会生产及人身安全造成极大的隐患，应当引起足够的重视。

通过本项目的实践，在硫酸盐结晶侵蚀环境下的混凝土工程施工中，采取加强现场施工质量、严把材料进场关、优化配合比设计等措施，可以起到很好的抗硫酸盐结晶侵蚀效果。

参考文献

[1] 中华人民共和国行业标准. TB 10005—2010 铁路混凝土结构耐久性设计规范[S]. 北京：中国铁道出版社，2010.

[2] 中华人民共和国行业标准. TB 10003—2005 铁路隧道设计规范[S]. 北京：中国铁道出版社，2005.

[3] 建技〔2010〕13 号 铁路隧道防水板铺设工艺技术规定.

[4] 新建铁路北京至沈阳铁路客运专线三棱山隧道设计施工图.

[5] 王凯，庞锦娟. 论水、土中硫酸盐对混凝土结晶腐蚀的气候与评价[J]. 勘察科学技术，2007(1)：34-39.

[6] 湖南大学. 建筑材料[M]. 北京：中国建筑工业出版社，1988：33-35.

[7] 陈一飞. 粉煤灰对钢筋混凝土耐久性能的影响及其应用研究[J]. 中国建材科技，2003，12(5).

[8] 杨德斌. 外加剂与矿物掺合料对混凝土抗硫酸盐侵蚀的有效性研究[J]. 混凝土，2003(4).

[9] 马昆林，谢友均. 可溶性盐对混凝土材料物理侵蚀的研究评述[J]. 腐蚀与防护，2008，29(9)：530-534

[10] 陈立军，王永平，尹新生，等. 混凝土孔径尺寸对抗渗性的影响[J]. 硅酸盐学报，2005，33(4)：500-505.

[11] 姬永生，袁迎曙. 干湿循环作用下氯离子在混凝土中的侵蚀过程分析[J]. 工业建筑，2006，36(12)：16-21.

[12] 梁咏宁，袁迎曙. 硫酸盐侵蚀环境因素对混凝土性能的影响-研究现状综述[J]. 混凝土，2005(3)：27-32.

[13] 马昆林，谢友均，龙广成. 氯盐环境下桥梁混凝土结构腐蚀行为及破坏机理[J]. 建筑科学与工程学报，2008，25(3)：32-37.

[14] 石明霞.水泥—超细粉煤灰复合胶凝材料耐侵蚀性能研究[D].长沙:中南大学,2002.
[15] 杨全兵,朱蓓蓉.混凝土盐结晶破坏的研究[J].建筑材料学报,2007,10(4):391-396.
[16] 马保国,董容珍,高小建,等.混凝土中硫酸盐侵蚀的形成与特征[J].铁道科学与工程学报,2005,2(1):14-18.
[17] 尤启俊,肖景新,王立新.引气剂在高性能混凝土中的应用[J].新型建筑材料,1999,6.

浅谈隧道三台阶临时横撑法开挖技术

刘占杰

（中交三公局第一工程有限公司　北京市　100012）

摘　要：随着社会科学技术的不断发展，隧道的开挖工法日益增多，对于一般地质条件隧道来说可采用很多开挖方法，但对于地质条件较差的围岩来说其开挖方法就具有很大的局限性，三台阶临时横撑法主要用于软弱围岩隧道中，解决了此类软弱围岩隧道开挖的难题。

关键词：隧道　开挖　三台阶临时横撑　工艺　技术

1　隧道地质条件与开挖方法的选择

根据现在隧道工程的岩性和地质构造，围岩主要有III、IV、V级3个级别。隧道主要存在偏压、浅埋、坍塌、落石、涌水等不良地质现象。暗挖隧道衬砌形式多采用复合式衬砌，洞口明挖段采用明洞式衬砌结构。隧道开挖多采用光面爆破方式，根据围岩的地质条件，主要采用的施工方法有明挖法、台阶法、三台阶临时仰拱法、三台阶临时横撑法、双侧壁导坑法。初期支护采用湿喷混凝土工艺，二次衬砌施工、仰拱衬砌采用仰拱栈桥全幅施工。

2　三台阶临时横撑法施工技术及技术要点

一般V级围岩多采用三台阶七步开挖法，三台阶临时横撑法多用于覆土小于12m、断层破碎带及土质地层V级围岩段。三台阶临时横撑法是在上、中台阶完成后，初期支护通过增加临时横撑，达到临时封闭成环的目的，以减小围岩变形。三台阶临时横撑法开挖施工时保证每个台阶长度控制在2～3m；台阶高度根据地质情况、隧道断面大小、施工机械设备确定，其中上台阶高度宜控制在3m左右，中台阶宜控制在4.3m左右。

上台阶做钢拱架时，即安装临时工字钢支撑的，采用拱脚处做锁脚锚管等措施，控制围岩变形和初期支护形式；中台阶在上台阶喷射混凝土强度达到设计强度70%时开挖，开挖同时拆除上台阶临时横撑钢拱架，及时加设中台阶临时横撑钢拱架，使之重新封闭成环，同时注意锁脚锚管等控制变形措施的施工，拆除上台阶临时横撑时注意尽量不要破坏临时横撑工字钢，以便后续循环使用；下台阶在中台阶喷射混凝土强度达到设计强度70%以上时开挖。上、中台阶开挖依次超前一个循环后，上、中、下台阶可同时开挖。

2.1　施工技术

施工中要重点解决号上、中、下台阶的施工干扰问题，下部施工减少对上部围岩、支护的扰动。

2.1.1　施工前监控量测的内容

施工中监控量测是施工安全的保障，在施工中要按要求进行此项工作，将结果做系统的处理后及时反馈指导施工。施工前监控量测内容包括：①隧道洞口段、浅埋和偏压地表沉降观测；②拱顶下沉及收敛两侧；③仰拱底部的监测。

2.1.2 具体施工工序

如图1和图2所示。

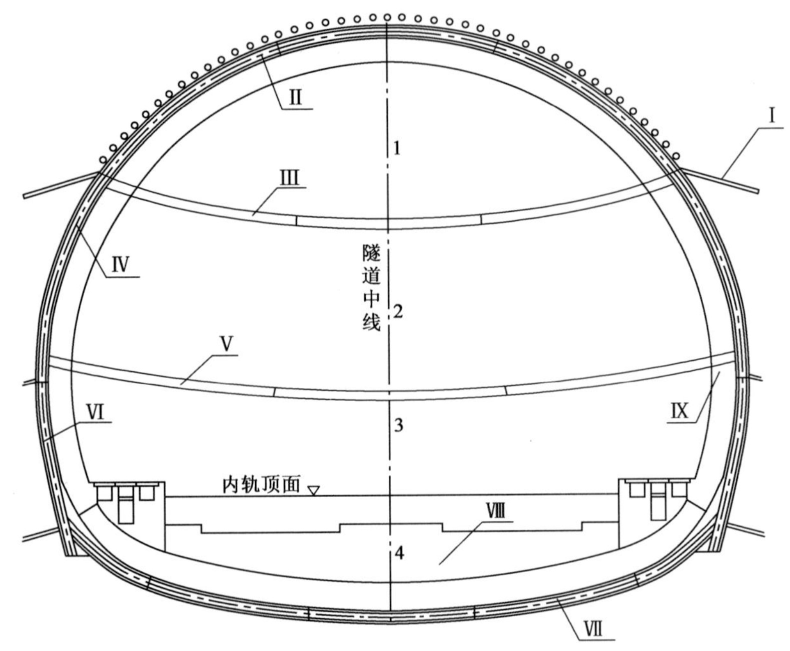

图1 三台阶临时横撑法断面示意图

Ⅰ-超前小导管；1-上台阶开挖；Ⅱ-上台阶初期支护；Ⅲ-上台阶临时横撑；2-中台阶开挖；Ⅳ-中台阶初期支护；Ⅴ-中台阶临时横撑；3-下台阶开挖；Ⅵ-下台阶初期支护；4-仰拱开挖；Ⅶ-仰拱初期支护；Ⅷ-仰拱及填充混凝土；Ⅸ-拱墙混凝土

2.1.3 初期支护

初期支护采用湿喷工艺，由锚杆、钢架、钢筋网、C25(C30)喷射混凝土形成联合初期支护体系。上、中台阶初期支护增加临时横撑，每一步骤都闭合成环，以减小围岩变形。

2.1.4 初喷混凝土封闭岩面

喷射混凝土采用湿喷工艺，开挖爆破后进行初喷，初喷混凝土厚度为4～5cm，喷射混凝土表面应密实、平整、无裂缝、脱落现象。

2.1.5 挂设钢筋网

挂设钢筋网在初喷混凝土及打设锚杆后施工，钢筋网在洞外采用光圆钢筋加工成网片后进行现场挂设，挂网时，钢筋网紧贴岩面并搭接点焊，与附近锚杆牢固连接。

2.1.6 安装钢架

钢架包括工字钢钢架和格栅钢架，钢架施工在初喷混凝土后进行，采用纵向连接钢筋可靠连接。钢架安装在稳固的岩面上，超挖部分用混凝土回填。

2.1.7 二次喷射混凝土

在钢拱架上，每2m点焊、喷射混凝土厚度控制标识，以确保初期支护厚度及不侵入二次衬砌。分层喷射时，后一层喷射应在前一层混凝土终凝前进行，一次喷射的最大厚度：边墙不得超过 15cm，拱部不得超过 10cm。

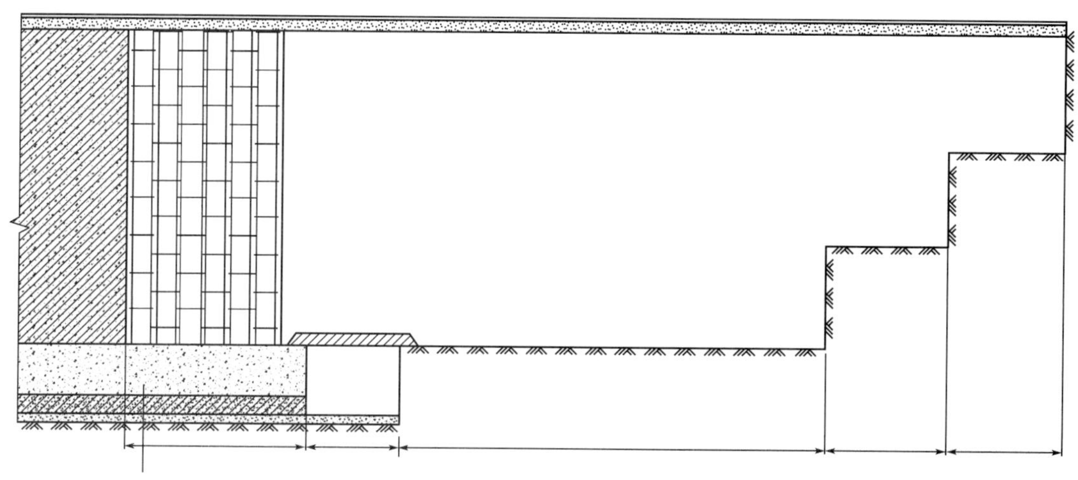

图 2　三台阶临时横撑法纵断面

2.2　施工中注意事项

(1)隧道施工应坚持“短开挖、弱爆破、强支护、早封闭、勤量测、及时衬砌”的原则。

(2)开挖 1、2、3 部时根据现场情况必要时预留核心土。

(3)超前支护等辅助施工措施，应首先利用上一循环架立的钢架施做完毕，再开挖。

(4)开挖方式采用弱爆破。爆破时严格控制炮眼深度及装药量。

(5)导坑开挖宽度及台阶高度可根据机具、人员安排等进行适当调整。

(6)钢架间纵向连接筋应及时施做并连接牢固。

(7)上台阶每循环开挖进尺不应大于 1 榀钢架间距，边墙每循环开挖进尺不得大于 2 榀钢架间距。

(8)临时横撑采用型钢，纵向每 2 榀设置一处。

(9)仰拱开挖前必须完成钢架锁脚锚管的施工，每循环进尺不得大于 3m。

(10)应注意开挖过程中初期支护结构及核心土的稳定性，必要时应利用核心土体加设全断面临时横撑。

(11)锁脚锚管采用 ϕ42mm 钢管，长 4m，壁厚 5mm。锁脚锚管对钢架的稳定起着重要作用，必须严要求施工。

3　结语

隧道的开挖方法随着地质条件的变化而变化。对于地质条件较好的隧道，施工方法的选择较为灵活；而对于地质条件较差的隧道而言，考虑到安全与效益的协调统一，开挖方法具有一定的局限性，所以特殊地质条件的隧道选用的开挖方法仍需要进一步的研究与创新，以保证隧道开挖的安全和效率，解决更多由于地质条件不良引起的开挖难题。

参考文献

[1] 中华人民共和国行业标准.铁建设〔2010〕241号 高速铁路隧道工程施工技术指南[S].北京:中国铁道出版社,2011.

[2] 中华人民共和国行业标准.TB 10304—2009 铁路隧道工程施工安全技术规程[S].北京:中国铁道出版社,2009.

大断面隧道围岩破碎带处治措施

赵常青　谭文田

（中交三公局第一工程有限公司　北京市　100012）

摘　要：大断面隧道破碎断层带是整个工程建设控制的关键，也是后续工程安全进行的有力保障。本文对隧道开挖施工中大断面破碎断层带存在的质量控制点进行了分析，并提出了处治措施。

关键词：大断面隧道破碎带　处治措施

1　工程概要

1.1　工程简介

倩内隧道是新建泉州环城高速南安至石井段间的一座三车道长隧道，全长 1 199m，最大埋深约 150m，隧道净空（宽×高）：14.50m×5.0m。

1.2　工程特点

（1）隧道区岩体受到挤压、水蚀作用，岩体完整程度大多为破碎至较破碎，且有两条构造破碎带，部分岩体极破碎已蚀变成粉末状或泥状；进出口处于汇水沟沟底，中线略微偏向沟谷中心线一侧，洞口处偏压较为典型，洞口掌子面埋深较浅，最薄处不到 2m。

（2）隧道所处山区植被茂盛，山体蓄水量大，且进口进洞 300m 右 100m 处有一面积为 6 700m^2的小型水库，雨季蓄水量约为 6 万 m^3，开挖爆破易拉张岩体节理面裂隙，库水极可能顺构造破碎带和裂隙面渗入，对隧道的施工和围岩稳定均有较大影响。

（3）洞口处于地质断层处，开挖轮廓范围处于断层带与山体基岩的交界处，地质断层带受地下渗水侵蚀严重，形成强风化岩层带，使洞口处于软硬地层交界处；岩层稳定性、自承能力都比较差，实际围岩等级为Ⅱ～Ⅲ类。

（4）断层带沿隧道纵向呈小角度方向延伸，断层破碎带对该隧道的影响长度，进口端 70m，出口端左线最大预计在 300m。

1.3　不良地质分析控制

断层破碎带是隧道开挖过程中常见的不良地质现象，它的存在造成围岩极不稳定。隧道穿越断层破碎带时，由于岩层的地质成因复杂，地质条件具有突变性，在施工中结合施工生产要素及施工生产能力，按照“管超前、严注浆、短开挖、弱爆破、强支护、快封闭、勤测量、速反馈”的施工原则组织施工。

2　工艺选择

2.1　进洞工艺

（1）根据洞口地表地形及围岩情况，在开挖进洞前必须进行洞口边仰坡加固以对偏压处理。针对部分不稳定的边仰坡增设注浆小导管挤密固结并喷射混凝土防护，边仰坡喷混凝土采用挂网锚喷，锚孔插小导管（直径 42mm、长 4m），小导管出露端与钢筋网焊接成整体。

（2）由于出口两侧山沟地势陡峭，洞口外侧即为水田，故先施工外侧路基，路基基本成形后便于台车拼装且为洞口开挖做好准备。

（3）为保证进洞（Ⅴ级围岩）安全及洞口稳定，施工中严格按照双侧壁导坑法施工，防止因围岩破碎造成的不良影响。

2.2　防排水系统

隧道地理位置加之断层破碎带基岩裸露，风化裂隙较发育，有利于降水入渗形成基岩裂隙水。所以，必须对进出口段的地表汇水及基岩裂隙水进行处理。处理原则：以排为主，防、排、堵相结合。

具体措施是：

（1）洞顶开挖集水井、挡水墙及截水沟，深度至硬质基岩，外壁用 30cm 厚 M7.5 浆砌片石砌筑，使地表水排入既有排水系统并保证水沟排水顺畅。

（2）隧道进口山顶四大泄水沟交汇处采用 M7.5 浆砌片石砌筑引水沟、挡水墙，将水引入洞顶截水沟，同截水天沟内的汇水一起由仰坡处的跌水排入路基排水系统。

（3）在富水地带岩层裂隙渗水量大，在隧道原设计基础上增设管径 50mm 的环向透水盲管；并对洞顶回填砂砾土进行注水泥浆止水；在衬砌厚度变化处设沉降缝，用止水带防水。

2.3　隧道常用施工方法分析

本隧道出口段设计为 Va 段，该段主要由残坡积土和强风化凝灰熔岩组成，岩体节理裂隙极发育，岩体极破碎，属极软岩，自稳能力差，拱部无支护易产生塌方，降雨时空隙裂隙水发育。结合地质及隧道结构尺寸和以往隧道施工经验，对围岩较破碎带及洞口段采用双侧壁导坑法开挖。

2.4　超前小管棚施工

在破碎松散岩体中超前钻孔，打入外插角 5°～7°，环向 30cm 间距，纵向环距 2.5m 的小导管并压注具有胶凝性质的浆液，浆液在注浆压力的作用下呈脉状快速渗入破碎松散岩体中，并将其中的空气、水分排出，使松散破碎体胶结、胶化，形成具有一定强度和抗渗阻水能力的以浆胶为骨架的固结体，提高围岩的整体性、抗渗性和稳定性；同时打孔过程还能提早发现掌子面前方 4m 左右的围岩变化情况，尽早提出不利地质的应对方案。

2.5　隧道开挖施工要点

为控制超欠挖及减少对围岩的扰动，拱部弧形及边墙周边均采用风镐分台阶开挖，核心土及中槽采用挖掘机开挖，开挖进尺根据围岩稳定性确定为 1～2 榀钢拱架的间距，边墙按钢拱架的两个单元分两个台阶施工，上、下台阶相距 2m，左右边墙错开 2m。

（1）开挖前按规范做好监控量测，随时掌握围岩及支护的变形情况，以便及时修正支护参数，改变施工方法；同时，聘请有资质的检测单位进行超前地质预报。

（2）围岩开挖采用挖掘机和人工配合爆破施工。

（3）开挖时做好排水工作，重点对两侧临时支护进行监控，防止钢支撑基底软化。

(4)侧壁导坑开挖后,及时施工初期支护并尽早封闭成环;侧壁导坑跨度为整个隧道跨度的 1/3;左右导坑施工时,前后距离不小于 15m。

2.6 爆破用药控制及爆破安全监控

2.6.1 爆破用药量控制

双侧壁导坑开挖采用预裂爆破以减少大爆破对临边岩层的震动,并按微震控制爆破设计,电毫秒导爆管爆破网络设计,结合地质情况进行爆破试验并不断修正设计参数,以达到最佳爆破效果。具体技术措施如下:

(1)测量放线

①钻凿炮孔前,先在掌子面绘出开挖轮廓线、周边眼、掏槽眼的位置。

②每循环爆破完成并在排烟、找顶后,立即检测开挖断面,对测量数据进行处理,以便针对具体围岩及时调整爆破参数,使其达到最佳爆破效果。

(2)钻眼作业控制精度

炮眼的深度和斜率应符合钻爆设计。掏槽眼眼口间距误差和眼底间距误差不得大于 5cm;辅助眼眼口排距、行距误差均不得大于 10cm;周边眼眼口位置误差不得大于 5cm,眼底不得超出开挖断面轮廓线 15cm(深眼取大值,浅眼取小值)。

(3)钻孔作业方法步骤

①钻工要熟悉炮眼布置图,按钻爆设计定人、定位,对周边眼、掏槽眼由经验丰富的司钻工司钻。

②严格控制炮眼间距,硬岩残眼率达 80%以上,中硬岩达 70%以上,软岩开挖轮廓要圆顺,符合隧道设计轮廓线尺寸的要求。

③严格控制钻孔外插角度,保证相邻两茬炮之间的错台不得过大。

(4)爆破作业的技术要求。

①装药前所有炮眼用高压风吹净尘沫。

②严格按设计的装药结构和药量装药。

③严格按钻爆设计的连接网实施。

(5)微震控制爆破方法

①单段最大装药量可由式(1)反推计算(实际药量将根据爆破效果及时调整)。

$$v = k\left(\frac{Q^{\frac{1}{3}}}{R}\right)^{x} \tag{1}$$

式中:Q——单段最大装药量(kg);

R——爆破中心距构筑物距离(m);

k——地质介质系数,$k=50\sim360$;

x——地震波衰减系数,取 $x=1.5$;

v——保护对象所允许质点振速(cm/s)。

②材料的运输、储存、加工、现场装药、联线、起爆及瞎炮处理,必须遵守《爆破安全规程》(GB 6722—2014)的有关规定。

③进行爆破时,人员应撤至距爆破工作面的距离不小于 200m;爆破期间所有动力及照明电路均应断开或改移至距爆破不小于 50m 的地点。

④在洞顶设立警示牌，每次爆破作业前，派专人检查并警戒。

⑤当开挖面与衬砌面平行作业时，应根据混凝土强度确定其距离，一般不小于30m。

2.6.2 爆破安全

(1)爆破后围岩的稳定情况应符合下列要求：硬岩无剥落；中硬岩基本无剥落；软弱围岩无大的剥落或坍塌。

(2)检查并记录超欠挖情况，并应符合要求。

(3)开挖轮廓圆顺，开挖面平整。

(4)爆破进尺达到设计要求，爆出的石块度满足装渣要求。

2.6.3 爆破监控

进行爆破震动监测、噪声监测、空气污染和粉尘监测。测得的质点振动速度应符合《爆破安全规程》(GB 6722—2014)的规定，若振速超过规定时应调整爆破设计参数。

3 锚喷初支

初期支护施工要求如下：

(1)系统锚杆施工

①系统锚杆钻孔需保持直线，方向与开挖面的垂直偏差不应大于20°；局部锚杆应尽可能与岩层层面或主要结构面成大角度相交。

②锚杆深度要求：水泥砂浆锚杆孔深允许偏差为±50mm；早强药包锚杆孔深应与杆体长度配合适当。

③安装垫板时，应确保垫板与锚杆轴线垂直并与喷射混凝土层紧密接触。锚杆孔的轴线与孔口面不垂直时可采用两种方法调整：一是在螺帽下垫楔形垫块；二是在垫板后用砂浆或混凝土找平。

(2)钢筋网片挂设

①在初喷一层混凝土后进行钢筋网的铺设，与受喷面间隙控制在2～3cm。

②钢筋网应与锚杆或连接牢固，在喷射混凝土时不得晃动。

(3)钢拱架施工

①钢架两侧拱脚安装必须放在牢固的基础上；当拱脚处围岩承载力不够时，需加设钢垫板浇注C20的混凝土以加大拱脚接触面积。

②钢架应分节段采用高强螺栓连接。连接钢板平面应与钢架轴线垂直。

③相邻两榀钢架之间必须用ϕ18mm的纵向钢筋连接，间距1.0m。

④钢架在初喷混凝土后安装，位置采用红漆标注，应尽可能与围岩或初喷面密贴，有间隙时应采用混凝土垫块楔紧，严禁采用片石回填。

⑤下导坑开挖时，预留洞室的位置要按设计要求进行支护，施工二衬时拆除，以确保安全。

⑥钢架安装就位后，钢架与围岩的间隙应用喷射混凝土充填密实，并使钢架与喷射混凝土形成整体。

(4)喷射混凝土施工

①开挖后立即对岩面进行喷射混凝土，以防岩体发生松弛。

②喷射作业应分段、分片依次进行，喷射顺序自下而上，每次作业区段纵向不宜超过3m。

③喷射混凝土作业需紧跟开挖面时，下次爆破距喷射混凝土作业完成时间的间隔不小于4h。

④喷射混凝土混合料应随拌随喷，不得继续使用回弹物。

⑤一次喷射厚度应根据设计厚度和喷射部位确定，初喷厚度不小于40～60mm。复喷一次喷射厚度拱顶不得大于100mm、边墙不得大于150mm。首层喷混凝土时，要着重填平补齐，将小的凹坑喷圆顺。

⑥喷射作业应以适当厚度分层进行，后一层喷射应在前一层混凝土终凝后进行。

⑦若初喷面有粉尘时，受喷面应用高压风水清洗干净；

⑧喷混凝土终凝2h后，应喷水养护，养护时间不少于7d。

4　监控量测

监测的目的是为了掌握围岩稳定与支护受力、变形的信息，并以此判断设计、施工的安全经济性。通过位移测试，了解隧道开挖后围岩松动破坏范围及发展趋势，以便对围岩稳定性做出评价，决定锚杆长度、喷射混凝土厚度等参数的合理性(表1)。

导坑施工监控量测项目及方法　　表1

<table>
<tr><th colspan="2">项目名称</th><th>方法及工具</th><th>布　置</th><th colspan="4">超前地质预报量测间隔时间</th></tr>
<tr><td rowspan="9">应测项目</td><td>超前地质预报</td><td>地质雷达</td><td>全部</td><td colspan="4">每20～50m一次</td></tr>
<tr><td>地质及支护状态观察</td><td>岩性，结构面产状及支护裂缝观察</td><td>开挖后及初期支护后进行</td><td colspan="4">每次爆破后进行</td></tr>
<tr><td rowspan="3">水平收敛及拱顶下沉量测</td><td rowspan="3">各种类型的收敛件</td><td rowspan="3">断面布置为Ⅴ级围岩每15～20m一个，Ⅳ级围岩每20～40m一个</td><td colspan="4">爆破后24h内进行</td></tr>
<tr><td>0～18m</td><td>18～36m</td><td>36～90m</td><td>>90m</td></tr>
<tr><td>1～2次/d</td><td>1次/d</td><td>1次/2d</td><td>1次/周</td></tr>
<tr><td rowspan="3">围岩内部位移量测(洞内设点)</td><td rowspan="3">洞内钻孔安设多点杆式位移计</td><td rowspan="3">每一级围岩段选一断面，每断面3～11个测点</td><td colspan="4">爆破后24h内进行</td></tr>
<tr><td>0～18m</td><td>18～36m</td><td>36～90m</td><td>>90m</td></tr>
<tr><td>1～2次/d</td><td>1次/d</td><td>1次/2d</td><td>1次/周</td></tr>
<tr><td>锚杆内力量测</td><td>各类电测锚杆，锚杆拉拔器</td><td>每一级围岩段选一组，每组3～5根</td><td colspan="4">锚杆施作后开始</td></tr>
</table>

5　结语

经过对每个工序的研究和探索，在倩内隧道大断面破碎带的施工安全方面取得了明显得成效，自开工以来无任何人员伤亡事故，且项目在克服围岩差和跨度大的情况下，始终把保证安全作为工作首要任务去落实，并努力提高施工进度，合理安排工期，争取精细化施工，对每次喷射混凝土的施工用量都进行统计，有效地避免了隧道超欠挖浪费喷射混凝土料的情况，为项目节约了施工成本；另外在钢拱架安装架立过程中始终把“精准”作为施工的标准，对每次钢拱的安装均进行精确定位，避免了因钢拱架侵线造成的返工，也为保证二衬施工的精准提供了参考。通过隧道各个工序严抓不懈的管理使项目在隧道施工中对关键环节工序的控制上取得了丰富的经验，也为以后隧道施工的可控制工序积累了丰富的材料。

参考文献

[1] 中华人民共和国行业标准. JTG D70—2004　公路隧道设计规范[S]. 北京:人民交通出版社,2004.
[2] 佟显涛. 软弱夹层对隧道施工稳定性的影响分析[J]. 工程技术,2009(3).
[3] 张长明. 隧道衬砌施工影响因素和质量控制[J]. 交通世界(建养·机械),2011(04).
[4] 靳全红,徐海军. 大跨度公路隧道断层破碎带施工[J]. 石家庄铁道学院学报,2000(1).
[5] 周进峰. 东辛油田典型断层破碎带识别与描述[J]. 中国石油大学. 2011.

软弱围岩隧道施工技术

于春宇

(中交三公局第一工程有限公司　北京市　100012)

摘　要:软弱围岩隧道地质工程有其独特的特点。本文首先概述了软弱围岩隧道地质工程的主要特点,然后对软弱围岩压力做了进一步的研究。在此基础上,提出了具体的施工方法,并对施工中的重点控制做了论述。

关键词:软弱围岩　隧道　施工技术

1　前言

软弱围岩是一种特殊的地质构成部分,其独有的特性对隧道的施工技术有着重要的影响。在进行正式施工之前,有必要首先对隧道软弱围岩的压力进行探索,为下一步的研究工作提供可靠依据。在施工中,具体方法和重点控制是课题主要研究的内容。

2　软弱围岩隧道地质工程特点

2.1　地质特点

软弱围岩,主要是指第四系全新、中更新、更新统的坡残积土部分,范围包括江河湖岸及池塘冲积、淤积层,人工杂填土、溶洞充填物、水田、风积砂及新老黄土等。软弱围岩的特点包括内摩擦角小,黏聚力弱;容易产生不稳定情况,比如蠕变、流滑、湿陷或者膨胀等。南北方地区的软岩的特点也各有不同,北方地区的软岩含水率比较小,浸水后饱,失水后呈固态状流动,所以很容易崩塌,失去应有的承载力;而南方软土的含水率比较大,扰动后容易液化,呈液态状流动。

2.2　工程特性

根据软弱围岩的特点,相应的隧道工程也比较特别,容易出现问题,这类工程的特性主要表现在三个方面:

(1)由于软岩的稳定性比较差,容易崩塌,在洞口的施工容易引起牵连性的滑动,很难接近仰坡,所以进洞比较困难;由于软岩地区的承载力比较弱,在洞内施工时支护结构容易下沉收敛,很容易发生危险。

(2)由于软弱围岩扰动后自稳能力比较差,需要采取分步施工和化大为小的施工方法,但是由于工序繁多,形成封闭环的时间长,可能会影响工程的进度。

(3)由于软岩一般都处在地质比较复杂、多变的地带,很难一次就摸清地质,导致施工的方法和设计参数也会随之改变,增加了施工的困难。

3 隧道围岩压力研究

挖掘活动引起隧道围岩应力集中和重新分布，使隧道周边岩体自稳能力显著降低，导致向隧道空间移动。为了防止围岩变形和破坏，需要对围岩进行支护。这种因围岩变形受阻而作用在支护结构物上的压力或塌落岩石的重力，统称为围岩压力。根据围岩压力的成因，可将其分为以下四种类型。

3.1 松动围岩压力

由于隧道开挖而松动或塌落的岩体，以重力的形式直接作用于支架结构物上的压力，表现为松动围岩压力载荷形式。如支护不能有效地控制围岩变形的发展，围岩形成松动垮塌圈时，将导致松动围岩压力出现，通常顶压显现严重。

3.2 变形围岩压力

支护能控制围岩变形的发展，围岩位移挤压支架而产生的压力，称为变形围岩压力，简称变形压力。在“围岩一支护”力学体系中，只要围岩与支架相互作用，围岩就会对支架施加变形压力。弹性变形压力是围岩弹性变形时作用于支架上的压力，弹性变形产生速度极快，变形量很小，对于围岩、支护相互作用过程而言，实际意义不大。塑性变形压力是由于围岩的塑性变形和破裂，围岩向隧道空间位移，使得支护结构受到的压力，是变形围岩压力的主要形式。塑性变形的大小主要取决于隧道塑性区和破裂区的范围。塑性区的扩展具有明显的时间效应，塑性区不再扩展时，围岩变形速度下降而逐渐稳定并趋于流变。

3.3 膨胀围岩压力

围岩膨胀、崩解体积增大而施加于支护上的压力，称为膨胀压力。膨胀压力与变形压力的基本区别在于它是由吸水膨胀而引起的。从现象上看，膨胀压力与变形压力都属于变形压力范畴，但两者的变形机制截然不同，前者是指与水发生物理化学反应，后者主要是围岩应力的结构效应。

3.4 冲击和撞击围岩压力

冲击围岩压力指围岩积累了大量弹性变形能之后，突然释放出来所产生的压力；撞击围岩压力是覆岩层剧烈运动时对隧道支护体所产生的压力。

4 施工方法

4.1 开挖断面的判断

围岩应力以及变形调整时，会出现围岩失稳破坏现象，这种现象对硬度强的岩石影响不大，但是对于软弱围岩来讲，这种破坏对其的影响将是非常严重的，所以在软弱围岩隧道施工时，必须要对围岩的应力以及变形情况进行了解，掌握其变化的规律，使其结果不影响软弱围岩的稳定性。在实际施工中，要根据围岩的应力以及变形的规律，选择相应的开挖方式，开挖的进尺度等。

4.2 提高超前支护的质量

由于软弱围岩的变形快，所以在实际施工中，软弱围岩变形会发生在掌子前不远处，所以必须对其进行超前支护，否则将会出现坍塌现象。在软弱围岩隧道施工中，超前支护是为了更好地控制掌子前的变形现象，这也是软弱围岩隧道施工的重要环节。

4.3 开挖方式的选择

在对软弱围岩隧道进行开挖时，应该选择大尺度且开挖时少分布的方式进行。在传统的隧道施工中，多数是多分布、每一次开挖的进度都较短，这样便造成循环的频率大，造成临时的支护多，使得工程变得复杂，最后导致施工工期延长。将预支护工作做好，在开挖时便可以减少分布，并将开挖的进尺度加大，这样可以减少开挖的循环次数，减少支护面施工，提高施工速度，极大地缩短工期，同时还可以降低施工的复杂程度。在对隧道进行施工时，简化施工步骤，提高施工安全是目前应该重视的研究方向。

4.4 增强管制

对隧道开展建筑过程中，因为其特殊的工作环境，在开展建筑时地区环境不好，工作空间不大，对建筑施工将产生一定的影响。因此在开展建筑过程中，要在保证顺利的建筑时间和速度的状态下，对建筑环节进行科学的布置，对每一个建筑程序进行质量监测。在运用设备的建筑环节中，充分使用设备的性能，进而提升项目建筑效率。并且还要开展建筑项目的安全监管，防止安全事故的出现。

5 施工重点控制

5.1 隧道坍方预防

软弱围岩隧道在施工的过程中经常会因为施工不当，引发不同程度的隧道坍塌，为了保证施工人员的人身安全，减少经济损失，应该从以下几个方面着手：

(1)施工中要充分认识到隧道地质的复杂程度，合理安排施工以便稳中求快，避免坍方。树立全局的安全生产观念，在保持进度的前提下，安全施工，严格按照规定的程序进行施工。

(2)施工中遵循“管超前、严注浆、短进尺、弱爆破、强支护、早封闭、勤量测、快衬砌”的二十四字施工原则，以保证施工安全为重点，避免为了抢进度而发生的违规作业。

(3)强化施工技术。认真执行技术交底及施工规范加强对围岩的量测及信息反馈工作，施工之前必须做好相关数据的收集。

5.2 爆破超欠挖控制

软弱围岩隧道施工中，超欠挖控制是关键的一道工序，隧道断面超欠挖控制的好坏直接关系到工程的质量、进度和效益。周边眼主要起到成型作用。隧道断面超欠挖控制的好坏，关键在周边眼的爆破效果。

5.3 衬砌防排水

隧道结构防排水采用“以防为主、防排结合”的原则，采用以提高结构自防水性能为主、附加防水层为辅，多道设防、整体防水的方案。

(1)在初期衬砌与无纺布之间设 50 根环向弹簧透水盲管，并在两侧边墙角上方埋入 100 根纵向弹簧透水盲管，将渗水引入洞内沟槽排出。

(2)在初期支护和二次衬砌之间满铺无纺布和 PE 防水板复合防水层，将地下水阻于模筑衬砌之外。

6 结语

通过对软弱围岩隧道施工技术的研究，我们可以发现，软弱围岩地质工程的特点十分鲜明，在隧道施工中，要注意这种特性，并采用科学合理的施工方法，以达到预期的施工效果。此外，需加强施工过程中重点质量控制。

参考文献

[1] 周建福. 浅析软弱围岩隧道快速施工技术[J]. 西部探矿工程，2010，6：7-9.

[2] 雷军. 5 号斜井软硬岩交替地段快速施工技术研究[J]. 铁道标准设计，2012，9：18-19.

[3] 曲永新. 软岩与软弱夹层[M]. 北京：地质出版社，2012.

[4] 胡文清. 木寨岭隧道软弱围岩段施工方法及数值分析[J]. 地下空间，2011，3：55-58.

[5] 昝成忠. 软弱围岩条件下的隧道设计与施工探讨[J]. 工程勘察，2012，9：25-26.

严寒地区隧道中软弱围岩段深埋中心水沟施工技术

刘占杰

（中交三公局第一工程有限公司　北京市　100012）

摘　要：京沈客专三棱山隧道位于辽宁西北部阜新市，属严寒地区，隧道附近土壤最大冻结深度 1.4m。为预防冻胀产生的危害，隧道洞口 1km 范围内设置深埋中心水沟，水沟开挖深度至仰拱填充面下 4.26m，施工难度大。加快深埋中心水沟及仰拱的施工速度，减少对初期支护体系的扰动，确保施工安全是该项工程施工的难题。本文结合施工实践，总结了严寒地区软弱围岩段深埋中心水沟施工工序及施工控制技术。

关键词：严寒　软弱围岩　深埋　中心水沟　技术　施工　安全

1　工程概况

三棱山隧道辽宁省阜新市阜新蒙古族自治县境内，起讫里程为 DK493＋415～DK502＋303，全长 8 888m，隧道纵断面如图 1 所示。隧道范围穿越底层较复杂，进口为第四系上更新统坡洪积（Q_3^{dl+pl}）粉质黏土夹粗角砾土；洞身范围多为侏罗系上统呼噜组（J_{3t}）凝灰岩夹凝灰质砂页岩。出口为第四系上更新统坡洪积（Q_3^{dl+pl}）粉质黏土、粗角砾土。

隧址地区气候属于北温带大陆季风气候区，四季分明，雨热同季，光照充足。年平均气温 6.5～7.5℃之间，极端最高气温 40.9℃，极端最低气温－27.1℃，春季多风，温差较大，升温与降温交替出现；夏季短暂炎热，降雨较为集中在 7、8 月份。

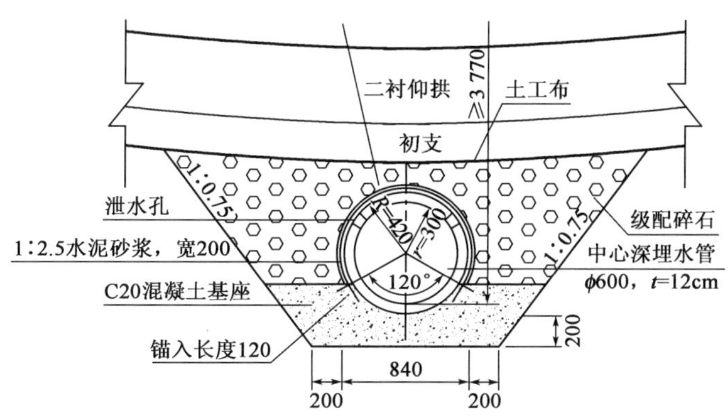

图 1　深埋中心水沟（尺寸单位：mm）

2　深埋中心水沟设计情况

根据本隧址区气候条件，三棱山隧道进出口 1 000m 范围内设置深埋中心水沟（图 1），深埋中心水沟包括钢架、混凝土基座、涵管、砂浆保护层、碎石反滤层等，其中钢架采用与初期支护系统钢拱架同型号工字钢加工而成，涵管采用 ϕ600mm 钢筋混凝土预制三级管(壁厚 12cm)。

3 深埋中心水沟施工工序

3.1 仰拱初期支护封闭成环

仰拱开挖至设计高程后，正洞衬砌仰拱设有钢架的地段，开挖前先将仰拱钢架封闭成环，并在中间两个节点处按 45°角各打设 4 根 4m 长锁脚锚管(图 2)，然后临时将仰拱钢拱架的中间一节钢拱架进行拆除。

3.2 测量放样

测量放样出隧道中线及该处高程，同时在下次仰拱施工端头部位的两侧边墙上放样出参照点，施工过程中根据设计图纸计算出深埋中心水沟开挖深度。

3.3 开挖

根据设计要求，深埋中心水沟及仰拱一次开挖长度为 3m，水沟开挖深度至仰拱填充面下 4.26m，开挖最窄处为 1.42m，主要以机械开挖为主，辅以弱爆破。

3.4 安装深埋中心水沟钢拱架

对基底进行清底作业同时进行复测，根据测量结果，如欠挖及时处理，如不欠挖则调整底板坡度并夯实。安装深埋中心水沟钢拱架，使初期支护钢架重新封闭成环。

3.5 安装混凝土涵管

混凝土排水管材材质应符合国家标准《混凝土和钢筋排水管》(GB/T 11836—2009)三级管要求，接头采用企口刚性接头形式。排水管安装采用 ϕ22mm 螺纹钢筋焊接骨架予以固定，并保证留有泄水孔的管壁在上面，固定时在预制管上部搭设三脚架，三脚架上挂设导链，将混凝土预制管吊起(图 3)。管节接头采用钢丝网水泥砂浆抹带封闭。混凝土预制管安装固定之后，在管的外侧包裹一层土工布，土工布埋入混凝土基座内不小于 12cm。

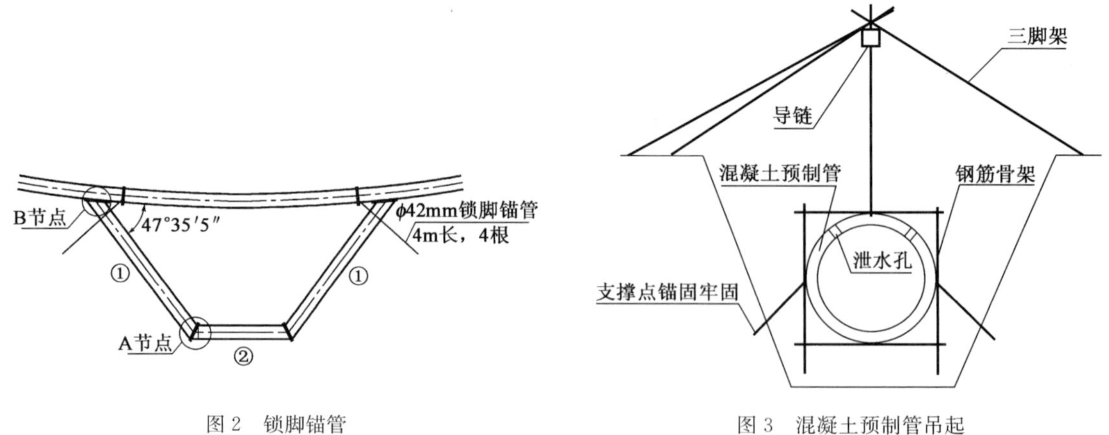

图 2 锁脚锚管

图 3 混凝土预制管吊起

3.6 浇筑混凝土基座

混凝土预制管安装固定后，浇筑混凝土基座，等级为 C20，以开挖面作侧模，小直径插入式振捣器振捣密实。分段浇筑混凝土基座时，注意端头接茬处已完混凝土的凿毛处理，以便混凝土能够更好地连接。

3.7 安装横向排水管

在混凝土预制管上打孔将横向PVC导水管插入管内，另一端与衬砌背后环、纵向排水盲管及隧道两侧侧沟相连。横向排水导管排水坡度不小于3%，安设应顺直，以确保排水通畅、便于维修，不要出现“倒虹吸”现象。

横向导水管上盖无砂混凝土预制块，下设20cm×20cm碎石盲沟。

3.8 回填碎石

回填级配碎石，其粒径在2.5～5cm之间，级配连续，碎石回填应密实。回填完毕后，其上5m范围内铺设土工布。将临时拆除的仰拱中间一节钢拱架重新进行安装，喷射仰拱初期支护混凝土

4 深埋中心水沟施工控制要点

根据设计及实际施工情况分析，深埋中心水沟控制要点如下：

4.1 安全控制

施工过程中一定要注意锁脚锚管的施做及深埋水沟钢架的施做，否则可能造成拱墙初支长时间处于悬空状态，造成安全风险。

4.2 超欠挖控制

开挖过程中应符合开挖深度，如需爆破则采用弱爆破方式，炸松岩体，然后用挖机开挖。

4.3 坡度、方向及高程控制

该项是保证深埋中心水沟是否顺排水顺畅的先决条件，清底、基座施工、涵管安装都要进行复测。

4.4 时间控制

在保证施工质量的前提下尽量缩短施工时间，仰拱及仰拱以下部分施工时间越短，对拱墙初支的影响就越小，特别是在软弱围岩地段，更应该尽一切办法节省施工时间。

5 结语

本文以三棱山隧道洞口深埋中心水沟为例，系统总结了该类工程的施工工序及施工工艺，可为同类工程施工安全、快速施工提供参考。

参考文献

[1] 中华人民共和国行业标准.铁建设〔2010〕241号　高速铁路隧道工程施工技术指南[S].北京：中国铁道出版社，2011.

[2] 中华人民共和国行业标准.TB 10304—2009　J947—2009　铁路隧道工程施工安全技术规程[S].北京：中国铁道出版社，2014.

[3] 中华人民共和国国家标准.GB/T 11836—2009　混凝土和钢筋混凝土排水管[S].北京：中国标准出版社，2009.

[4] 中华人民共和国行业标准.TZ 331—2009　铁路隧道防排水施工技术指南[S].北京：中国铁道出版社，2013.

高速铁路隧道监控量测

海占伟

(中交三公局第一工程有限公司　北京市　100012)

摘　要:由于隧道工程的特殊性、复杂性和隧道围岩的不确定性,对隧道围岩及支护结构等进行监控量测是保证隧道工程质量和安全必不可少的手段。监控量测通过在现场采集数据、软件自动计算、分析数据、建立预警信息系统、及时反馈到监控量测信息化管理平台,及时对隧道中个别围岩存在失稳趋势的区段提供了预报,为施工单位及时调整支护参数以及合理确定二次衬砌时间提供了可靠的科学依据。

关键词:隧道工程监控量测　量测数据处理　反馈现场施工

1　隧道施工监控量测

监控量测是铁路隧道设计文件的重要组成内容,也是铁路隧道施工作业中关键的施工环节。在铁路隧道施工过程中,监控量测技术获得了广泛的应用,并取得了显著的技术经济效果。

隧道监控的作用有以下几点:

(1)通过施工和环境监测进行信息反馈及预测预报,优化施工组织设计,指导现场施工,确保隧道施工的安全与质量和工程项目的社会、经济和环境效益。

(2)掌握围岩动态,了解支护结构在不同工况时的受力状态和应力分布,对围岩稳定性作出评价。

(3)验证支护结构形式、支护参数,评价支护结构、施工方法的合理性及安全性,确定支护时间。监控量测是信息化设计与施工的重要内容,应将监控量测纳入工序管理,作为隧道施工的有机组成部分。由于地下工程的受力特点及其复杂性,通过施工现场的监控量测所得到的信息,为判断围岩稳定性,支护、衬砌可靠性,二次衬砌合理施作时间,以及修改施工方法、调整围岩类别、变更支护设计参数、调整预留变形量等修正设计提供原始依据,同时将量测得到的结果迅速反馈到设计施工中去,以提高隧道施工的安全性、经济性。

2　监控量测项目、频率

监控量测设计应结合具体隧道施工、水文地质条件、支护参数、施工方法和监控量测项目进行,其内容包含以下几个方面:

2.1　监控量测项目

监控量测项目包括必测项目和选测项目,应根据隧道特点和监控量测要求确定。

2.1.1　必测项目

洞内围岩和支护状况观察、周边位移监测、拱顶下沉监测、锚杆或锚索内力及抗拔力。

2.1.2 选测项目

洞口浅埋段地表下沉监测、围岩内部位移监测、喷混凝土应力监测、围岩压力监测、钢拱架应力监测、二衬应力监测。

2.2 测点的布置原则

测点的布置原则应根据地质条件确定，并初步选取监控量测断面及测试频率。

2.2.1 洞口及浅埋段地表沉降观测

地表沉降测点应在隧道开挖前布设。地表沉降观测点和隧道内测量内测点在同一断面里程。一般情况下，地表沉降观测点纵向间距应按表1要求布置。

地表下沉量测断面间距表　表1

埋深 H 与隧道开挖宽度 B	测点间距	备注
$2B<H_0<2.5B$	20～50m	H 为隧道埋深
$B<H_0\leqslant 2B$	10～20m	B 为隧道开挖宽度
$H_0\leqslant B$	5～10m	

地表沉降测点横向间距为2～5m。在隧道中线附近测点应适当加密，隧道中线两侧量测范围不应小于 $h+B$，地表有控制建筑物时，量测范围应适当加宽(图1)。

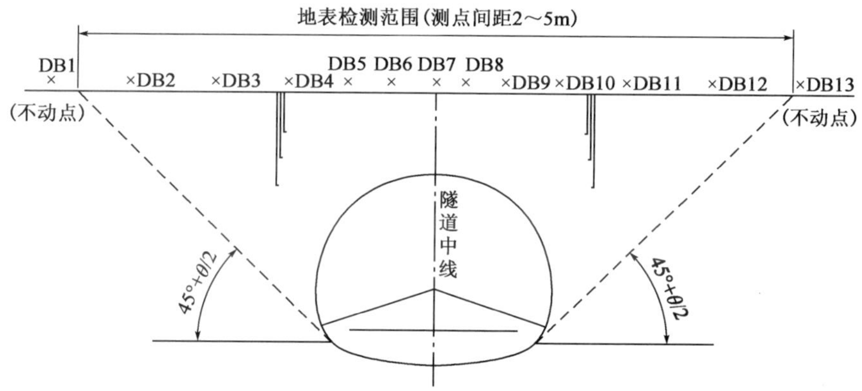

图1 地表沉降测点布置

2.2.2 拱顶下沉与净空变形量测

拱顶下沉测点和净空变形测点应布置在同一断面上，监控量测断面与测线按照表2要求布置。

拱顶下沉及水平收断面间距表　表2

围岩级别	量测断面间距(m)	围岩级别	量测断面间距(m)
Ⅰ	50	Ⅳ	10
Ⅱ	50	Ⅴ	5
Ⅲ	30		

注：在围岩突变段落，要根据实际情况在围岩变化部位加密监控量测断面。

净空变形量测测线的布置如图2所示。拱顶下沉及周边收敛量测频率见表3。

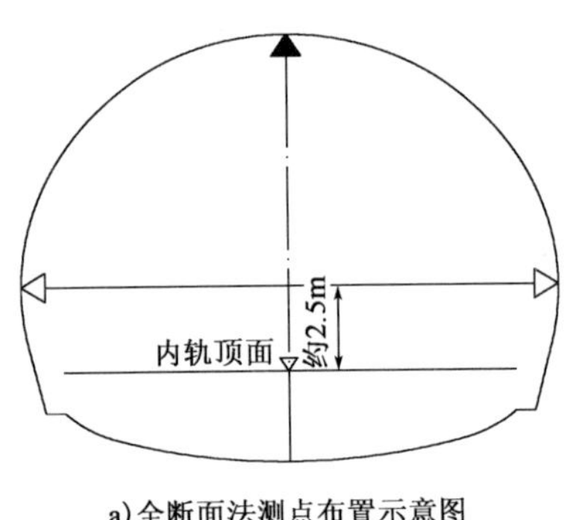

a)全断面法测点布置示意图

b)台阶法测点布置示意图

图 2　净空变形量测测线的布置

拱顶下沉及周边收敛量测频率表　　表 3

变形速度(mm/d)	量测断面距开挖面距离(m)	量 测 频 率
≥5	(0～1)B	2 次/d
1～5	(1～2)B	1 次/d
0.5～1	(1～2)B	1 次/2d
0.2～0.5	(2～5)B	1 次/2d
<0.2	≥5B	1 次/周

注:表中 B 表示隧道开挖宽度。

3　监控量测数据整理

(1)量测数据要有原始记录,数据整理、数据分析及结果判定,定期对量测数据进行分析。监控量测原始记录、数据分析、结果判定等均采用统一表格。

(2)场监控量测小组每天把监控量测作为一个重要工序来控制,及时写入施工日志,项目部总工每天关注观测资料,分析原因,对于现场量测变化比较大的情况或者进入不良地质地段,项目部及时上报指挥部工程部,工程部根据情况上报上一级部门,并根据现场情况进行现场核查,确定支护方案。

(3)在分析数据时,可根据散点图进行回归分析,并将回归分析得出的变形值与允许变形值比较,从而确定下一步施工采取的措施。

4　数据处理结果的判定应用

量测最大位移值或回归预测最大位移值不应大于表 4 所列指标,并按表 5 变形管理等级指导施工。

跨度 7m<B≤12m 隧道初期支护极限相对位移(mm)　　表 4

围 岩 级 别	埋　　深(m)		
	≤50	50～300	300～500
拱脚水平相对净空变化值(%)			
Ⅱ	—	0.01～0.03	0.01～0.08

续上表

围岩级别	埋　深(m)		
	≤50	50～300	300～500
Ⅲ	0.03～0.10	0.08～0.40	0.30～0.60
Ⅳ	0.10～0.30	0.20～0.80	0.70～1.20
Ⅴ	0.20～0.50	0.40～2.00	1.80～3.00
拱顶相对下沉(%)			
Ⅱ	—	0.03～0.06	0.05～0.12
Ⅲ	0.03～0.06	0.04～0.15	0.12～0.30
Ⅳ	0.06～0.10	0.08～0.40	0.30～0.80
Ⅴ	0.08～0.16	0.14～1.10	0.80～1.40

注:1. 硬岩取表中较小值,软岩取较大值;

2. 拱脚水平相对净空变化指两侧点间净空水平变化值与其距离之比;拱顶相对下沉指拱顶下沉值减去隧道下沉值后与原拱顶至隧底高度之比;

3. 拱腰水平相对净空变化极限值可按拱脚水平相对净空变化值乘以 1.1～1.2 后采用。

变形管理等级　　表 5

管理等级	管理位移	施工状态
Ⅲ	$U<U_0/3$	可正常施工
Ⅱ	$U_0/3\leqslant U\leqslant 2U_0/3$	应加强支护
Ⅰ	$U>(2U_0/3)$	应采取特殊措施

注:U-实测位移值;U_0-最大允许位移值。

5　监控量测数据的反馈

(1)应及时根据监控量测数据绘制水平相对净空变化、拱顶下沉时态曲线及水平相对净空变化、拱顶下沉与距开挖工作面的关系图等。

(2)根据现场量测数据绘制位移—时间曲线或散点图,在位移—时间曲线趋平缓时进行回归分析,选择与实测数据拟合好的函数进行回归,预测可能出现的最大拱顶下沉及水平相对净空变化值,并推算最终位移,掌握位移变化规律。

(3)当位移—时间曲线出现反弯点,即位移出现反常的急骤增加现象,表明围岩和支护已呈不稳定状态,应及时加强支护,必要时应停止掘进,采取必要的安全措施。

6　结语

监控量测的管理必须科学合理,施工与监控量测应紧密配合,量测数据的准确分析和判断应及时反馈。监控量测贯穿于整个施工过程中,保证隧道施工安全,预防隧道塌方。

参考文献

[1] 中华人民共和国行业标准. TB 10121—2007 铁路隧道监控量测技术规程[S]. 北京:中国铁道出版社,2007.
[2] 中华人民共和国行业标准. TB 10601—2009 高速铁路工程测量规范[S]. 北京:中国铁道出版社,2009.
[3] 中华人民共和国国家标准. GB 50026—2007 工程测量规范[S]. 北京:中国计划出版社,2007.
[4] 中华人民共和国国家标准. GB 50086—2001 锚杆喷射混凝土支护技术规范[S]. 北京:中国计划出版社,2001.

聚乙烯(PE)给水管道施工技术

刘翔雁

(中交三公局第一工程有限公司　北京市　100012)

摘　要:聚乙烯(PE)给水管施工作为一项新型的施工技术,在实际工程中不断总结和提高,已取得了良好的效果。

关键词:市政工程　聚乙烯给水管　施工技术

三亚海棠湾B区滨海路位于海南三亚海棠湾开发区内,呈南北走向,全长约4.7km。周边用地为海棠湾滨海超星级酒店带和七星顶级品牌酒店带,重点建设顶级酒店和大小龙江塘的国际社区,同时配套旅游综合服务及高档旅游接待设施。因此,给水管道的安全性、稳定性非常重要。

而在各种埋地管道的应用过程中,管道能否达到规定的长期使用寿命的一个关键因素就是铺设施工的质量。PE管道具有多种独特性能,使得管道的铺设更加安全、快捷,同时正确的安装与施工将使管道的这些优越性能得到最大程度的发挥。

1　聚乙烯(PE)管材料特性

聚乙烯(PE)管材是一种新型材料,属聚烯烃类高分子化合物,其分子由碳、氢元素组成,无有害元素,卫生可靠。在加工、使用及废弃过程中,不会对人体及环境造成不利影响,是绿色建材。它具有质量轻、柔韧性好、耐腐蚀性强、焊接性能极佳和抗冲击性能优良等特点,同时具有良好的气密性、耐腐蚀性和良好的抵抗裂纹快速传递能力。管材、管件连接可采用热熔对接及电熔焊接等连接方式,使管材、管件熔为一体,连接过程中施焊效果可控,无毒无污染。由于聚乙烯(PE)管材安全环保,质量可靠,且施工方便、成本较低,因而在工程应用中发展迅速,广泛用于市政、石油、化工、燃气等建设领域。本文主要介绍聚乙烯(PE)管材给水管道施工技术。

2　管道施工

本工程采用PE 100管材,公称外径包括:100mm、200mm、315mm。按照国家标准《给水排水管道工程施工及验收规范》(GB 50268—2008)要求施工。

2.1　管材、管件运输及储存

管材运输时要合理支垫,避免挤压碰撞。支垫材料不得使用尖锐材料。管件运输过程中要包裹完好,并合理支垫,避免挤压碰撞。支垫材料也不得使用尖锐材料。管材、管件尽量采用封闭厢式货车或有防雨棚的货车运输，避免日晒雨淋。

管材、管件应储存在半封闭防雨棚内，场地应平整，无尖锐石子等硬物。管材、管件到货后，小心搬运至平整好的空置场地，整齐摆放，最高堆成三层，不得剧烈碰撞，且避免接触尖锐物件。若PE管材被刮伤，刮伤深度超过1cm，则应将其切除。管材、管件放好后，应在面上覆盖一层油毡。PE管材、管件受温度影响较大，物资管理人员应经常检查，做好防护。发现未防护好的，应及时处理。

2.2 管道连接

管道的连接方式主要有：

(1)d_n(公称外径)≤63mm时，采用热熔承插连接或电熔连接。

(2)d_n≥75mm时，采用热熔对接或电熔连接。

(3)与金属管及管路附件的连接，采用法兰连接或过渡管件连接等方法。

2.2.1 热熔对接

本工程选用热熔对接方式连接PE管材。该方法采用热熔对接焊机，具体步骤如下：

(1)把待接管材置于机架卡瓦内并夹紧(见图1)。

(2)将管材待连接端清洁干净，然后铣削连接面(见图2)，切屑厚度应为0.5～1.0mm。若连接端不干净，则易产生漏水、爆管现象，因此，连接端清洁干净是保证管道焊接质量的关键。

图1 待接管材置于机架卡瓦内

图2 铣削管材连接面

(3)校直两对接件，使其错位量不大于2mm。

(4)预热加热板，正常情况下预热时间约为20min。

(5)加热板温度达到设定值后，放入机架进行吸热。吸热过程中施加压力(使管端面与加热板之间刚好接触)直到两边最小卷边达到规定宽度。

(6)吸热时间满足后，退开活动架，迅速取出加热板，合拢两管端。切换时间应尽可能短，不能超过规定值。升压至熔接压力30Pa并保压冷却。

(7)冷却到规定时间后，卸压，松开卡瓦，取出连接完成的管材，用笔在焊口处标明编号和焊工标记，准备下一接口的焊接，该段热熔焊接完成。

热熔焊机操作人员应遵循表1中的焊接参数。

焊接参数表 表1

壁厚(mm)	预热时的卷边高度(mm)(预热温度210℃±10℃)	加热时间(s)(温度210℃±10℃)	允许最大切换时间(s)	焊缝在保压状态下的冷却时间(min)
12.2～18.2	1.0	120～170	8	17～24
20.1～25.5	1.5	210～250	10	25～32

2.2.2 电熔承插连接

本工程选用电熔承插连接方式连接 PE 管材与管件。该方法采用电熔焊机焊接，具体步骤如下：

(1)截取管材，管材的端面应垂直轴线，其误差小于 5mm(图 3)。

(2)清理焊接面，测量电熔管材的长度或中心线，在焊接的管材表面上画线标识(图 4)，将画线区域内的焊接面刮削 0.1～0.2mm，以去除氧化层。

图 3 截取误差　　图 4 刮去所有斜线

(3)管材与管件的安装。在管材上重新画线，位置距端面为 1/2 管件长度。将清洁的电熔管件与需要焊接的管材承插，保持管件外侧边缘与标记线平齐。安装电熔夹具，不得使电熔管件承受外力，管材与管件的不同轴度应当小于 2%。

(4)将焊机输出端与管件接线柱牢固连接，不得虚接。

(5)按焊机说明书要求，将焊机调整到“自动”或“手动”模式。

(6)按自动或者手动方式输入焊接数据。

(7)启动焊接开关，开始计时。手动模式下焊接参数应当按管件产品说明书确定。

(8)电熔承插焊接冷却时间应当按管件产品说明书确定，冷却过程中不得向焊接件施加任何外力，完成冷却后，拆卸夹具，该段电熔焊接完成。

2.2.3 过渡连接

在 PE 管材与金属管及管路附件(阀门、水表等)的接口连接处采用丝扣或法兰等过渡管件对其进行连接。PE 管材必须与同样材质的 PE 法兰采用热熔对接连接。

2.3 管道安装

沟槽开挖后，在沟底铺上 20cm 沙土或满足图纸、规范要求的原土整平夯实，回填就地取材即可。基础通过隐蔽验收后方可进行管道安装。

若沟槽周边没有操作空间，则在沟槽中进行连接和安装，若沟槽周边有场地，则预先在地面上接成一定长度的管路，等到每个焊口都充分冷却后，再整体安装。整体安装可移动的最大安全距离为 50m。

2.4 管道回填

管道安装完毕，经验收合格后再进行管道回填。管道安装与铺设完毕后应尽快回填。

管道回填分两步：

(1)用沙土或符合要求的原土回填管道两肋，一次回填高度为 100～150mm，捣实后(本项目利用海砂回填，采用灌水法进行密实)再回填第二层直到回填至管顶以上至少 100mm 处。在回填过程中，管道下部与管底的空隙处容易被忽略，切记夯实。管道接口前后 200mm 范围内不回填，以便水压试验时观察各接头质量。

(2)管道试压合格后进行大面积回填(500mm 厚)。管顶 300mm 以上部分回填原土并夯实,采用机械回填时,要从管的两侧同时回填,机械不得在管上行驶。

管顶以上 300mm 回填后,再进行管道试压,以防试压时管道系统产生推移。

管周围 200mm 以内的回填土不得含粒径大于 10mm 的坚硬石块。

2.5 试压与清洗

为检验供水管的驳接止水质量和供水管的安装质量是否符合设计要求,在供水管安装后,需做水压试验。

水压试验共分两类,其一为施工过程中的分段试验,其二为全线驳接完成后的竣工试验。

2.5.1 试验压力的确定

本工程选用的 PE 管材公称压力等级为 0.6MPa。

(1)管材适温性能。PE 管道的公称压力(P_N)是指在 20℃时的内水压力指标。本工程介质温度在 20~40℃之间时,按下表温度对压力折减系数(f_t)修正工作压力(F_w)。

温度对压力折减系数 表 2

水温 t(℃)	20	30	40
压力折减系数 f_t	1.00	0.87	0.74

(2)确定试验压力。试验压力为管道系统设计工作压力的 1.5 倍,但不得小于 0.8MPa。

$$F_w = F_{wd} f_t / 1.5$$

式中:F_{wd}——系统正常工作状态下,选用的管材最大设计内水压力。

f_t 由每次压水试验所测水温值确定,若没有对应的水温则采用插值法计算。本工程介质温度在 20~40℃之间,试验压力见下表。

管材试验压力 表 3

水温 t(℃)		20	30	40
压力折减系数 f_t		1.00	0.87	0.74
0.6MPa 管	工作压力(MPa)	0.40	0.35	0.30
	试验压力(MPa)	0.80	0.80	0.80

2.5.2 试验准备工作

(1)现场准备

试验前,除接口外,管道两侧及管顶以上回填高度不应小于 500mm;接口位置露出以便渗漏检查。试验段两端均采用盲板封堵住,后背、管件位置均进行加固防护。选择下游一处带闸阀的支管作为进水口,灌水完毕后关上闸阀,再在支管端部装上堵板进行封堵,之后打开闸阀。在出水口位置做好临时排水沟就近引至雨、污水井或空地处。

水压试验水源采用道路东侧已有自来水管供水,由消防软管或塑胶管引至试验管段。

(2)试验机械设备

水泵 1 台,试压泵 1 台,发电机 1 台,压力表 1 个,水表 1 个,带法兰堵板 ϕ100mm 4 套、ϕ200mm 4 套、ϕ315mm 4 套,以及进出水管路和配套阀门。

试压泵、压力计安装在试验段的端部与管道轴线相垂直的支管上,即先在支管上装一个闸阀,再连接一段与支管等径管道,在管道的端头用等径的堵板封住。在堵板上开一个 ϕ15mm

的圆孔，焊接一段长 30～50cm、ϕ15mm 的钢管与压力计连接(若支管不具备进水口灌水条件，可在堵板上另开一个 ϕ50mm 孔，焊接一段长 30～50cm、ϕ50mm 的钢管并安装阀门用于进水口灌水)。将水表装在试压泵泄水口处以便准确量测降压时的泄水量。

2.5.3 试验方法

(1)管道水压试验分预试验与主试验两个阶段。

(2)预试验阶段，按如下步骤，并符合下列规定：

a.将试压管道内的水压降至大气压，并持续 60min。期间应确保空气不进入管道。

b.缓慢地将管道内水压升至试验压力并稳压 30min，期间如有压力下降可注水补压，但不得高于试验压力。检查管道接口、配件等处有无漏水、损坏现象。当有漏水、损坏现象时应中止试压，查明原因并采取相应措施后重新组织试压。

c.停止注水补压并稳定 30min。当 30min 后压力下降不超过试验压力的 70%时，则预试验阶段的工作结束，若超过则重新注水补压并稳定 30min 后再进行观测，直至压力下降低于试验压力的 70%。

(3)主试验阶段，按如下步骤，并符合下列规定：

①预试验阶段结束后，迅速将管道泄水降压，降压量为试验压力的 10%～15%；期间准确计量降压所泄出的水量(ΔV)，并按下式计算允许泄出的最大水量 ΔV_{max}：

$$\Delta V_{max} = 1.2V\Delta P\left(\frac{1}{E_w} + \frac{D_i}{e_n E_p}\right)$$

式中：V——试压管段总容积(L)；

ΔP——降压量(MPa)；

E_w——水的体积模量，不同水温时 E_w 值可按表 4 采用；

E_p——管材弹性模量(MPa)，由管材厂家提供；

D_i——管材内径(m)；

e_n——管材公称壁厚(m)。

ΔV 小于或等于 ΔV_{max}时，则按本款的第②、③、④项进行作业；ΔV 大于 ΔV_{max}时停止试压，排出管内过量空气再从预试验阶段开始重新试验。

温度与体积模量关系 表 4

温度(℃)	体积模量(MPa)	温度(℃)	体积模量(MPa)
5	2 080	20	2 170
10	2 110	25	2 210
15	2 140	30	2 230

②每隔 3min 记录一次管道剩余压力，记录 30min；30min 内管道剩余压力有上升趋势时，则水压试验结果合格。

③30min 内管道剩余压力无上升趋势时，则再持续观察 60min；整个 90min 内压力下降不超过 0.02MPa，则水压试验结果合格。

④主试验阶段上述两条均不能满足时，则水压试验结果不合格，应查明原因并采取措施后再重新组织试压。

⑤试验合格后,填写试验记录并签字。

⑥如管道接口、管身出现破损及漏水现象,则应对管道接口、管身进行修复,重新开始水压试验,直至合格。

2.5.4 管道清洗

若为竣工试验,在水压试验合格后需进行管道清洗消毒。方法如下:

(1)将管道系统内存水放空,再灌注氯溶液(浓度≥20mg/L),让其在系统内静置不小于24h,对管道进行消毒。

(2)放空消毒液,再用生活饮用水冲洗管道。

(3)由卫生部门检测,符合《生活饮用水卫生标准》GB 5749,则清洗合格,可交付使用;否则应重复消毒和清洗,直至符合要求为止。

3 施工中应注意的问题

(1)PE管的弹性模量(600~900MPa)较大,易受温度影响,应储存在室内或棚内通风良好的地方,不应露天堆放,避免阳光暴晒。材料存放处与施工现场温差比较大时,要先将管材在现场放置一段时间后才安装,并且先购回来的先使用。

(2)PE管属柔性材料,防止硬碰刮伤。

(3)焊机操作人员必须经有关部门专门培训,并经考试合格后方可上岗。严禁非操作人员使用。

(4)热熔连接要掌握好加热时间和连接插入的力度和深度。插入太深,造成管道断面减少,插入太浅,导致接口处强度降低。因此应严格按焊接参数表及规范要求操作。

(5)PE管连接的质量关键在于管与管的接头部分、与金属管及管路附件(阀门、水表等)的接口连接处,切忌有油污物。本工程水压试验中出现过一次漏水返工现象,主要原因就是管与管的接头部分污物较多,接管质量不高。

(6)回填时严格控制管周不得有石块等硬物。

(7)做水压试验时,不宜加压过快、过高,否则会产生微量膨胀,导致水压试验出现误差,因此必须严格按规范要求操作。

4 结语

聚乙烯(PE)管材作为一种新材料,在实际使用过程中取得了较好的经济效益和社会效益。但由于在国内推广应用时间不长,对施工中出现的一些问题,还需大家互相交流,不断总结,不断进步。

参考文献

[1] 中华人民共和国行业标准. CJJ 101—2004 埋地聚乙烯给水管道工程技术规程[S]. 北京:中国建筑工业出版社,2004.

[2] 中华人民共和国国家标准. GB 50268—2008 给水排水管道工程施工及验收规范[S]. 北京:中国建筑工业出版社,2008.

纤维对 SMA 路用性能的影响研究

孙亚龙

（中交三公局第一工程有限公司　北京市　100012）

摘　要：在沥青混合料中加入纤维加筋材料可以显著改善其物理力学性能。在我国，纤维在 SMA 沥青混合料中更是起着不可替代的作用。本文介绍了三种典型的路用纤维材料，通过沥青混合料性能试验，研究了不同纤维对 SMA 路用性能的影响。对试验结果进行分析可知，三种 SMA 沥青混合料的试验指标均满足现行规范，且在大部分指标上要远远超出规范要求。通过比较，并考虑到玄武岩纤维的环保性，可知掺加 0.4%玄武岩纤维的 SMA 综合性能要优于掺加 0.3%木质素纤维的 SMA 和掺加 0.3%聚酯纤维的 SMA。

关键词：木质素纤维　聚酯纤维　玄武岩纤维　SMA　路用性能

1　引言

沥青玛蹄脂碎石混合料（SMA）是一种由沥青、纤维稳定剂、矿粉及少量的细集料组成的沥青玛蹄脂填充间断级配的粗集料骨架间隙组成一体的沥青混合料[1]。在我国，纤维几乎成了 SMA 的必备成分，其原因与 SMA 使用较多的矿粉与沥青结合料有关[2]。目前，常用纤维有木质素纤维、矿物纤维、聚合物化学纤维三大类，玻璃纤维与沥青黏附性不好，很少使用[3]。

为比较不同种类的纤维在适量掺入比前提下对沥青混合料路用性能影响效果的差异，本文针对 SMA-13 沥青混合料选取三种比较典型的路用纤维（木质素纤维、聚酯纤维和玄武岩纤维）进行研究，经过一系列试验，比较不同纤维对 SMA 混合料路用性能的影响，以期对实际工程中纤维的选择提供科学依据。

2　原材料

2.1　沥青

采用 SBS（Ⅰ-C）改性沥青，由新加坡（壳牌）A 级 90 号道路石油沥青加工而成，其三大指标检测结果见表 1。

SBS 改性沥青检测结果　　表 1

检测项目	单　位	检测结果	检测方法
针入度（25℃，100g，5s）	0.1mm	71	T 0604
延度（5℃，5cm/min）	cm	41.0	T 0605
软化点（环球法）	℃	92.0	T 0606

2.2 集料及填料

SMA-13 沥青混合料所采用的粗、细集料及填料的基本信息见表 2。

集料及填料信息表 表 2

材料		规格(mm)	岩性
粗集料	1号	9.5～16	玄武岩碎石
	2号	4.75～9.5	玄武岩碎石
细集料	3号	0～2.36	石灰岩机制砂
填料	矿粉	0～0.075	磨细石灰岩
	消石灰	0～0.075	磨细 $Ca(OH)_2$

2.3 纤维

各种纤维的技术指标见表 3～表 5。

木质素纤维技术指标 表 3

技术指标	实测值	技术指标	实测值
纤维素含量(%)	78	最大纤维长度(mm)	5.0
pH 值	7.4	平均纤维厚度(μm)	47
密度(g/cm^3)	1.1		

聚酯纤维技术指标 表 4

技术指标	实测值	技术指标	实测值
吸水性(%)	0.42	抗拉强度(MPa)	704
熔点(℃)	255	断裂伸长率(%)	16
密度(g/cm^3)	1.38	纤维长度(mm)	6.0
当量直径(mm)	0.022		

玄武岩纤维技术指标 表 5

技术指标	实测值	技术指标	实测值
直径(μm)	13～17	抗拉强度(MPa)	3 500
短切长度(mm)	6	断裂伸长率(%)	3.2
密度(g/cm^3)	2.80		

3 SMA-13 沥青混合料配合比设计

3.1 矿料级配组成设计

对于 SMA-13 的配合比设计，按照《公路沥青路面施工技术规范》(JTG F40—2004)中的有关规定进行，木质素纤维、聚酯纤维和玄武岩纤维的掺加量分别取 0.3%、0.3%和 0.4%[4]。

在各项设计指标满足要求的前提下，确定SMA-13的级配见表6。

SMA-13级配设计 表6

材料规格(mm)	9.5～16	4.75～9.5	0～2.36	矿粉	消石灰
质量百分比(%)	48	31	11	8.5	1.5

3.2 SMA-13沥青混合料设计检验

SMA-13沥青混合料的最佳沥青用量确定过程如下：以0.3%为间隔，掺加木质素纤维时，按3个沥青用量5.7%、6.0%、6.3%制作马歇尔试件；掺加聚酯纤维时，按沥青用量5.6%、5.9%、6.2%制作马歇尔试件；掺加玄武岩纤维时，按沥青用量5.4%、5.7%、6.0%制作马歇尔试件；分别对三组试验中各项体积指标和力学指标进行对比分析，得出最佳沥青用量分别为6.0%(掺木质素纤维)、5.9%(掺聚酯纤维)、5.8%(掺玄武岩纤维)。

最佳沥青用量下，掺加不同纤维SMA-13沥青混合料的马歇尔试验结果见表7。

SMA-13混合料马歇尔试验结果 表7

纤维类型	最佳油石比(%)	毛体积密度(g/cm^3)	理论密度(g/cm^3)	孔隙率(%)	VMA(%)	VFA(%)	稳定度(kN)	流值(mm)	VCA_{mix}(%)	VCA_{DRC}(%)
木质素纤维	6.0	2.490	2.589	3.8	16.8	77.4	11.18	2.97	39.7	40.1
聚酯纤维	5.9	2.497	2.596	3.8	16.8	77.3	11.96	2.90	40.0	40.1
玄武岩纤维	5.8	2.505	2.607	3.9	16.5	76.3	12.55	2.85	39.8	40.1

注：VMA为矿料间隙率；VFA为沥青饱和度；VCA_{mix}为粗集料骨架最小间隙率；VCA_{DRC}为粗集料骨架干捣实间隙率。

掺加不同纤维SMA-13沥青混合料的谢伦堡析漏试验和肯塔堡飞散试验结果见表8。

析漏试验和飞散试验结果 表8

试验类型	掺加纤维类型	油石比(%)	试验结果(%)	要求(%)
析漏试验	木质素纤维	6.0	0.03	≤0.10
	聚酯纤维	5.9	0.05	≤0.10
	玄武岩纤维	5.8	0.07	≤0.10
飞散试验	木质素纤维	6.0	2.8	≤15
	聚酯纤维	5.9	2.6	≤15
	玄武岩纤维	5.8	2.4	≤15

《公路沥青路面施工技术规范》(JTG F40—2004)规定高等级公路路面SMA混合料沥青析漏试验的结合料损失不大于0.1%[4]。由试验结果可以看出，三组SMA-13沥青混合料试验结果均满足规范要求，掺加0.4%玄武岩纤维混合料的沥青析出量最多，掺加0.3%木质素纤维混合料的沥青析出量最少。

《公路沥青路面施工技术规范》(JTG F40—2004)规定SMA混合料的飞散试验沥青混合料损失(20℃)不大于15%[4]。由试验结果可以看出，三组SMA-13混合料试验结果均满足规范要求，且基本相当，其中掺0.4%玄武岩纤维SMA-13的飞散损失最小，掺0.3%木质素纤维

SMA-13 的飞散损失最大。

4 纤维对 SMA-13 混合料路用性能的影响研究

4.1 水稳定性

沥青混合料的水稳定性分别用马歇尔残留稳定度和冻融劈裂试验来评价，掺加不同纤维混合料的水稳定性试验结果见表 9。

水稳定性试验结果 表 9

纤维类型	浸水 48h 稳定度 MS_1(kN)	稳定度 MS (kN)	浸水残留稳定度 MS_0 (%)	未经冻融循环的劈裂强度 RT_1 (MPa)	冻融循环后的劈裂强度 RT_2 (MPa)	TSR(%)
木质素纤维	10.99	11.96	91.9	1.09	1.00	91.7
聚酯纤维	10.16	11.18	90.9	1.16	1.05	90.5
玄武岩纤维	11.30	12.55	90.0	1.32	1.15	87.1

从掺加不同纤维的 SMA-13 混合料的残留稳定度比较来看，不同纤维 SMA 的残留稳定度相差不大，木质素纤维的作用相对较好，这与木质素纤维的加入使混合料最佳沥青用量增加较多相关；从冻融劈裂试验的结果来看，掺玄武岩纤维混合料的冻融劈裂强度比最低，但是其冻融前后的劈裂强度均高于另外两种纤维的混合料。

4.2 高温稳定性

SMA-13 沥青混合料的高温稳定性用车辙试验来评价，最佳油石比时成型的试件车辙试验结果见表 10。

车辙试验结果 表 10

材料类型	动稳定度(次/mm)	材料类型	动稳定度(次/mm)
掺 0.3%木质素纤维 SMA-13	7 121	掺 0.4%玄武岩纤维 SMA-13	8 230
掺 0.3%聚酯纤维 SMA-13	7 809		

《公路沥青路面施工技术规范》(JTG F40—2004)规定高等级公路路面沥青混合料(60℃)车辙试验动稳定度不小于 3 500 次/mm[4]。试验结果显示，三组试验均满足规范要求，其中掺加玄武岩纤维 SMA-13 沥青混合料的动稳定度最大，掺加聚酯纤维 SMA-13 沥青混合料的动稳定度次之，掺加木质素纤维 SMA-13 沥青混合料的动稳定度相对较小。

4.3 低温稳定性

本研究采用小梁弯曲试验来检验掺加不同纤维 SMA-13 沥青混合料的低温性能，试验温度为-10℃，加载速率为 50mm/min，试验结果如表 11 所示。

低温弯曲试验结果 表 11

混合料类型	最大弯拉应变(με)	弯曲劲度模量(MPa)
掺加 0.3%木质素纤维 SMA-13	4 780.3	2 975.1
掺加 0.3%聚酯纤维 SMA-13	4 261.6	2 955.3
掺加 0.4%玄武岩纤维 SMA-13	4 425.9	3 320.4

《公路沥青路面施工技术规范》(JTG F40—2004)规定在冬冷区改性沥青混合料的破坏应变不小于2 500$\mu\varepsilon$[4]，试验结果显示，三组试验均满足规范要求，且相差不大，其中掺加木质素纤维SMA-13沥青混合料的破坏应变最大，掺加玄武岩纤维SMA-13沥青混合料次之。

5 结语

本文针对三种不同种类的路用纤维材料，在一定的掺入比条件下，对沥青混合料的常见路用性能进行了研究，得到以下几点：

(1)从马歇尔残留稳定度来看，不同纤维对混合料的抗水损害能力影响并不大，掺加木质素纤维的混合料抗水损害能力略好，这与木质素纤维的添加增加了沥青用量有关；冻融劈裂试验结果表明玄武岩纤维混合料的劈裂强度相较于另外两种纤维混合料的劈裂强度有较大的提高。

(2)车辙试验结果显示，掺加玄武岩纤维SMA-13沥青混合料的高温性能最好。

(3)小梁弯曲试验结果显示，不同纤维对混合料的低温性能影响不大，掺加木质素纤维的SMA-13沥青混合料的低温性能略好。

综上所述，由于玄武岩纤维与集料属于同一种材料，耐老化，特别有利于沥青混合料的再生利用[5]，并且由试验结果可知，掺加玄武岩纤维SMA的综合路用性能良好，部分性能甚至超过木质素纤维SMA，因此建议在我国加大对玄武岩纤维等矿物纤维的应用，这样不仅有利于环保，而且也有助于国产矿物纤维工业的发展。

参考文献

[1] 沈金安，李福普. SMA路面设计与铺筑[M]. 北京：人民交通出版社，2003.

[2] 陈华鑫. 纤维沥青混凝土路面研究[D]. 西安：长安大学，2002.

[3] 丁智勇. 纤维沥青混合料应用研究[D]. 陕西：长安大学硕士学位论文，2004.

[4] 中华人民共和国行业标准. JTG F40—2004 公路沥青路面施工技术规范[S]. 北京：人民交通出版社，2005.

[5] 王辉. 不同纤维对SMA路用性能影响研究[D]. 长沙：长沙理工大学，2007.

申嘉湖杭高速公路上跨杭州绕城高速现浇箱梁交通疏导及安全组织设计

王书涛

（中交三公局第一工程有限公司　北京市　100012）

摘　要：随着高速公路网络逐步形成，越来越多的高速公路互通枢纽工程将逐渐建成，但因其安全和交通组织难度较大，因而成为高速公路建设的一大难点。如何在确保现有高速公路，特别是经济发达地区大流量的既有高速公路正常行车安全和畅通的前提下，进行上跨高速公路现浇箱梁施工，是工程人员面临的一个新难题。本项目在交通繁忙的杭州绕城北线施工，分施工区域内外采取了比较合理的安全措施，可以为类似工程提供借鉴。

关键词：上跨高速　现浇箱梁　交通安全

1　工程简介

申嘉湖杭高速公路练（练市）杭（杭州）段L10合同段崇贤枢纽T形互通是申嘉湖杭高速公路与杭州绕城高速公路全定向互通立交工程，接口位于杭州绕城高速公路半山口和南庄兜口之间。崇贤枢纽互通通过F、G两个匝道上跨绕城高速与之相连接，通过E、H匝道与绕城高速平面相连接，实现全互通、全立交。崇贤枢纽互通位于交通异常繁忙的杭州绕城北线（图1），向西第一个互通是杭（杭州）宁（南京）高速公路与杭州绕城高速的接入口——南庄兜枢纽互通，向东第一个互通是302国道——半山互通，第二个互通是杭（杭州）浦（上海浦东）与杭州绕城高速的接入口——大井互通，向东第三个互通是沪杭高速公路与杭州绕城高速的接入口——乔司枢纽互通，每个互通相邻均很近。杭州绕城高速公路北线在这一带是双向六车道，日均交通量达到45 000多辆，特别是晚上通行的很多都是大货车。

申嘉湖杭高速公路崇贤枢纽T形互通上跨杭州绕城高速公路的F、G匝道，上部结构采用预应力混凝土现浇箱梁，F匝道共六联，其中第四联（12～16号墩）跨越绕城高速公路，第四联的第14号墩（绕城高速桩号K99＋503.5）位于绕城高速中央分隔带内；G匝道共5联，其中的第三联（6～10号墩）跨越绕城高速公路，8号墩位（绕城高速桩号K99＋229.2）位于绕城高速中央分隔带内。14号墩（F匝道）、8号墩（G匝道）每个墩位均设两根桩基，一个承台。桩基分别为两根长48m（F匝道第14号墩）和58m（G匝道的8号墩）的ϕ150cm的钻孔灌注桩，承台尺寸为650cm×260cm×200cm，为独柱式墩，墩柱直径为ϕ180cm，F、G匝道均与绕城高速公路斜交正做。

2　总体施工组织安排

崇贤枢纽互通F、G匝道均有一个墩在杭州绕城高速公路中央隔离带上，需占用杭州绕城高速公路的一个超车道进行施工(在绕城高速公路施工现场处路面总宽度34m,中央分隔带宽度2m),其余前后两个墩均在绕城高速公路的两侧边坡以外,故崇贤枢纽互通中的跨绕城高速公路T形互通立交施工组织专项方案主要涉及F匝道的14号墩、G匝道的8号墩及F、G匝道跨绕城高速公路的上部现浇箱梁的施工方案。

图1 杭州市东北绕城高速公路平面图

根据实施情况,本项目主要分两个阶段进行交通疏导组织,第一个阶段是位于杭州绕城中隔带的F匝道的14号墩、G匝道的8号墩的施工;第二阶段是上跨杭州绕城高速公路的F、G匝道现浇箱梁支架搭设、现浇箱梁钢筋混凝土施工、支架拆除。

第一阶段的交通疏导组织方案相对比较简单,由于是双向六车道,只需在靠近中隔带各占用一个车道,用水马分开,并按常规在前方2km、1km、500m、200m分别设置"前方施工、减速慢行"、"占道施工"等警示标志即可。

第二阶段施工比较复杂,由于G匝道现浇箱梁底面距离杭州绕城高速路面只有5.8m,且施工区域所在的绕城北线聚集着杭州的众多大型物资集散中心,又处于交通量趋于饱和的杭宁和沪杭高速之间,超高、超宽车辆多,车流量大,还处于一个弯道处,为保证搭设支架和支架顶现浇箱梁施工期间的安全,必须采用一系列的疏导和防护措施。

3 现浇支架搭设和拆除期间交通组织方案

3.1 现浇支架设计

G匝道因受梁底至路面高度和通车净高的限制,承重梁最大只能用H400×300的型钢,通过受力计算,跨径最大为9.1m,门架净高5.05m。通车门洞内为两个行车道,在对门式支架的两个墩进行加固防护后,保证行车通道净宽9.1m。桩基础施工时,在超车道上设置交通警示和诱导设施,白天在超车道上搭设门式支架的桥墩。为方便高度调节和卸架拆除,桥墩采用ϕ60mm的钢管搭设,每排4根钢管,钢管上焊接牛腿,横梁用H600×200的型钢,钢管之间用剪刀撑连接。

F、G匝道通车门洞内均为两个行车道,净跨径不小于9.1m,门架净高5.05m。F、G匝道左右幅现浇门式支架均在硬路肩和超车道上设有临时支墩,临时支墩采用 ϕ60cm 钢管桩,钢管桩下为现浇 80cm 厚的混凝土基础,钢管桩顶用型钢作分配梁。钢管下面垫钢板,钢管里面灌满砂子,钢管与钢管之间通过剪刀撑作横向连接,以增加其稳定性,钢管的顶面用 45a 工字钢做横梁。F 匝道箱梁与绕城高速路面间净空较高,门架主梁用贝雷桁架;G 匝道箱梁与绕城高速路面间净空较小,采用 HW500×300 型钢作为跨高速公路的纵梁。在门架两侧布置混凝土防撞墩,以引导车辆在门架区域内通行。布置如图 2 所示。

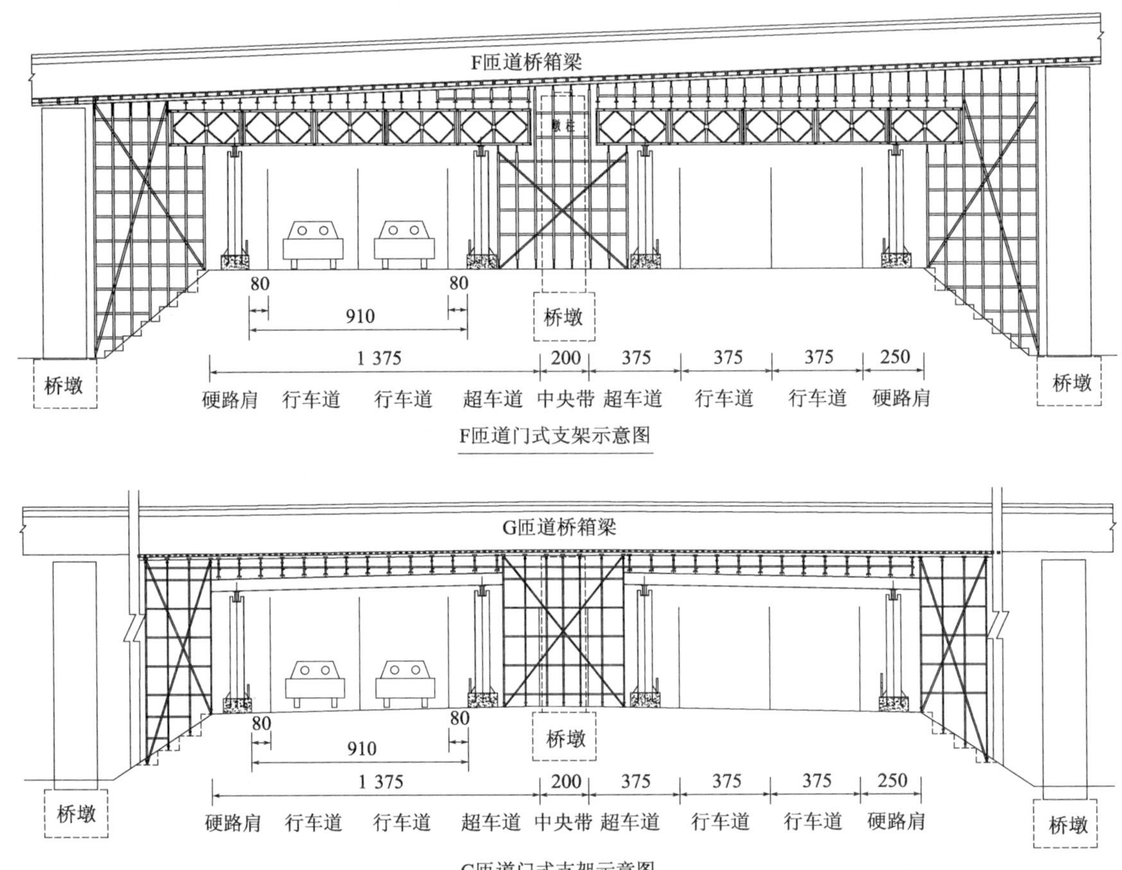

图 2　F、G 匝道门式支架示意图(尺寸单位:cm)

3.2　现浇支架支墩施工

先安装靠近中央分隔带的桥墩,靠近中央分隔带的支架临时墩采用在条形混凝土基础上安装钢管桩,钢管桩顶安设横梁,该排临时墩占据一个超车道。然后通过摆放反光圆锥桶,封闭硬路肩,在硬路肩上安装门式支架的另一个桥墩,这样需要占据一个超车道和一个硬路肩,保留两个行车道行车。施工两个临时墩,需要一周左右时间,对交通的影响不是很大。

支墩基础施工需暂时占用硬路肩和超车道,施工时先将硬路肩封闭:在来车方向摆放 200m 长的反光圆锥桶,逐渐封闭硬路肩,在硬路肩与行车道间标线内侧摆放水马,封闭支墩基础施工区域。在施工区域上游 500m、300m、100m 处硬路肩上,分别设置“前方施工、车辆慢行”标志牌和限速标志。

然后支立模板，浇筑支墩基础混凝土和预埋支墩钢管桩基础钢板，同时，在支墩钢管桩靠近行车道侧，预埋 80cm 高 ϕ5cm 钢管，ϕ5cm 钢管贴红白相间反光膜。

事先预制 60cm 高立方体混凝土块防撞墩，迎车方向表面贴红白相间反光膜，在等待基础混凝土强度提高期间，于来车方向反光圆锥桶范围内，每 20m 放置一座混凝土防撞墩，相邻两防撞墩之间放置 2 个反光圆锥桶。

超车道支墩基础施工与路肩支墩基础施工基本相同，施工前需封闭超车道。

支墩基础混凝土浇筑 12h 后，拆除模板和水马隔离带，移动水泥混凝土防撞墩，开始安装支墩立柱钢管。

3.3 现浇支架纵向承重梁施工

安装 F、G 匝道现浇梁支架上的纵向承重梁时，需封闭半幅交通，先封闭绕城高速的北半幅，利用绕城高速 K99＋000 和 K100＋700 已有预留开口，设置车辆变道口，绕城由东至西行驶车辆从 K100＋700 开口处转到绕城南半幅行驶，一直行驶到 K99＋000 开口处，再次转换车道后，恢复到北半幅正常行驶。绕城高速 K99＋000～K100＋700 之间南半幅，在施工期间改为双车道双向通行方式。北半幅的承重梁安装好后，封闭南半幅，仍在绕城高速 K99＋000 和 K100＋700 处利用已有预留开口，设置车辆变道口，绕城由西向东的行驶车辆从 K99＋000 开口处转到绕城北半幅行驶，一直行驶到 K100＋700 开口处，再次转换车道后，恢复到南半幅正常行驶。绕城高速 K99＋000～K100＋700 之间北半幅，在施工期间改为双向双车道通行方式。

现浇支架拆除时的交通组织方案与安装时基本一样，只是开放交通顺序相反。

4 施工区域外围安全保障措施

现浇支架搭设完以后，两侧各保持两个车道通行，基本上能满足交通需要，但是对于超高、超宽车辆，必须采取疏导和限高措施相结合的方式，确保施工区域内的安全。

4.1 涉及相关高速互通外围的安全保障措施

杭宁高速进入施工区域的超高车辆的控制：与高速湖州支队确定限高门架的位置，要求限高门架限定在 5m，设置在杭宁高速进绕城公路前双向主线上，确保限高车辆不会从南庄兜互通进入施工区域。

杭浦高速大井互通往施工区域的超高车辆的控制：与高速嘉兴支队确定限高门架的位置，要求限高门架限定在 5m，设置在杭浦高速进绕城公路前双向主线上，确保限高车辆不从大井互通进入施工区域。

上述二项限高控制项目可提前进行落实，到位后方允许进入下一步的施工。

4.2 涉及施工区域外围的安全保障措施

为保证施工区域的满堂支架不被超高车辆撞击，通过下列措施进行控制：

4.2.1 主线东向西方向超高车辆的三级控制

第一级控制区域和措施：在道路两侧设置连续式的标志引导，提醒超高车辆不得继续前行，并从前一个互通出绕城。设置区域：东向西 K111～K113。

第二级控制区域和措施：红外线测高短信报警装置，设置区域：东向西 K108 附近路面平坦处(桥梁除外),设备前设置明显的限高相关标志。

第三级控制区域和措施:限高门架(硬隔离、限定在5m),设置区域:K106附近路面平坦处(桥梁除外),设备前设置明显的限高相关标志。

4.2.2 主线西向东方向超高车辆的三级控制

第一级控制区域和措施:在道路两侧设置连续式的标志引导,提醒超高车辆不得继续前行,并从前一个互通出绕城。设置区域:勾庄互通以西。

第二级控制区域和措施:红外线测高短信报警装置,位置:勾庄互通至南庄兜互通之间(靠近勾庄互通)路面平坦处(桥梁除外),设备前设置明显的限高相关标志。

第三级控制区域和措施:限高门架(硬隔离、限定在5m),位置:K96南庄兜互通桥下(南京出口东面)路面平坦处(桥梁除外),设备前设置有明显的限高相关标志。

4.2.3 主线限高设备的附属标志和夜间加强设施

要求每个限高架前必须放不少于六块警示标志,中分带和边坡各三块。要求每个限高架前必须有一组震荡带,组内按5、4、3、2排列。限高架上方横梁上和两侧立柱上都设置明显的限高标志。横梁上标志要求加外框固定,以防松动掉下。

4.3 限高车辆三级控制前的标志内容

4.3.1 东向西方向

第一级:杭浦大井互通前标志内容:"超高车辆、前方出口(杭州北)驶离"。

第二级:红外线测高短信报警装置前标志内容:"限高5m"。

第三级:限高架(硬隔离)前300~500m区域内标志内容:"前方限高5m,超高车辆不得进入"。

4.3.2 西向东方向

第一级:勾庄互通前标志内容:"超高车辆,前方出口驶离"。

第二级:红外线测高短信报警装置前设置标志内容:"限高5m"。

第三级:限高架(硬隔离)前300~500m区域内标志内容:"前方限高5m,超高车辆不得进入"。

4.4 匝道的限高设施

东向西:下沙、半山收费站往施工区域方向的匝道口。

西向东:勾庄收费站往施工区域方向的匝道;南庄兜互通往施工区域方向的两个匝道口(南庄兜收费站进绕城匝道口、杭宁主线往绕城半山方向匝道口)。

5 施工区域内施工安全保障措施

施工区域内施工安全引导标志、设施严格按《道路交通标志标线》(GB 5768—2009)设置,并加强夜间交通维护设施的设置。外围诱导牌、告示牌等由施工单位按照公路养护安全规程、交通组织方案和协调会意见等要求设置,并根据交通流量和交通组织的变化及时进行调整和补充。施工安全标志和设施包括道路施工安全标志、限速标志、反光锥形帽、防撞筒、太阳能电子导向牌、闪光警示灯、光带、门洞的照明灯、门洞按隧道口修饰增加轮廓感(并加限高5m、减速行驶告知牌)、绕城公路北线K89~K113的护栏立柱加贴反光膜、水泥防撞导流块漆画反光警示漆、反光警示柱、相关道路电子屏提醒施工路段信息等。施工现场安排预警车辆在施工区域进行预警,救护车辆在现场附近待命。

此外,施工路段必须保证施工路段的临时路灯正常工作,同时备有夜间自发光引导设施。

5.1 人员和车辆管理

双向限高架(硬隔离)前分别安排一辆预警车,共两辆。预警上每班不少于2人,加备用1人,共9人,着协警制服加反光背心,带口哨和手持式高音喇叭。

预警车辆上的相关设施包括长排警示灯、警报器(喊话器)及电子导向牌。

每辆预警车上备用反光锥形帽20只、标志2块、手持式警示片2块、测高竿2根、灭火器2只、撬棒2根及牵引绳1根。

5.2 收费站的宣传、管理手段

在绕城公路全线收费站发放施工信息小卡片、特别针对大型货车进行发放,各收费站严格控制超高、超宽车辆进入绕城公路。

6 结语

申嘉湖杭高速公路L10合同段崇贤枢纽T形互通上跨杭州绕城高速公路现浇箱梁施工,从支架搭设到支架全部拆除,前后60d,多次有超高车辆进入外围区域,由于有限高门架和预警人员,这些车辆全部在外围区域就被拦下,施工区域内没有发生一次事故,确保了上跨现浇箱梁的施工安全。说明在已通车且交通量大的发达地区的既有高速公路上进行上跨现浇箱梁施工,只要管理和施工单位、交警、路政等上下重视,措施得力,一定能够取得成功。

参考文献

[1] 中华人民共和国行业标准. JTG/T F50—2011 公路桥涵施工技术规范[S]. 北京:人民交通出版社,2011.

[2] 中华人民共和国道路交通安全法[S]. 北京:中国法制出版社,2011.

[3] 中华人民共和国道路交通安全法实施条例[S]. 北京:中国法制出版社,2011.

[4] 中华人民共和国国家标准. GB 5768—2009 道路交通标志和标线[S]. 北京:中国标准出版社,2010.

施工企业项目成本管理探讨

陈风新

（中交三公局第一工程有限公司　北京市　100012）

摘　要：中国高铁依靠自主创新和低廉的成本优势，在世界铁路建设市场上，获得了话语权和市场。在国家倡导“一带一路”战略格局下，施工企业如何成为赢家？如果说创新是企业的核心竞争硬实力，那么低廉的建造成本，将是企业的核心竞争软实力。

关键词：项目　成本管理　探讨

1　成本管理关系企业生存

生与死是人类不可避免的，企业同样也不可回避，只是生存时间长短不同而已。世界上任何一个由组织体系构成的企业，其生命都是有限的，都会因市场、社会、政治或内部因素而终结。

项目是一个浓缩的企业，项目搞好了，企业就会基业长青。反之，一个个亏损的项目，会将企业拖入死海。施工企业的生死存亡，维系在项目参建人员对每个项目的具体管理上。项目的成本管理关系着施工企业的生存。

2　项目成本管理在项目管理中的地位

2.1　目标上的差异

业主、监理单位项目管理的三大目标：工期、质量、投资。

施工企业项目管理的三大目标：工期、质量、效益。

不同管理主体的三大目标，主要集中在投资和效益上，字面上很相似，但本质上，相差甚远。投资目标，是业主、监理单位对项目的投资控制，就是让施工单位拿合同约定的费用，按要求的工期，完成符合质量标准的产品；而施工企业的效益目标则是用最小的成本，在按期保质完成项目的同时，避免项目亏损，获取项目效益。

2.2　管理依据上的差异

国家和行业层面：国家、行业有《中华人民共和国建筑法》、《建设工程质量管理条例》、《建设工程量清单计价规范》(GB 50500—2013)等法律、条例、规范等，要求强制执行，行业还有更具体的规定。而国家没有形成一套较规范的施工企业成本管理强制性法规、规范，使企业的成本管理有章可循。国家的企业政策就是把企业推向市场，大浪淘沙、优胜劣汰。

企业、项目的成本管理没有什么国家、行业规范来依照。企业管不好就会破产。如此，施工企业、项目的成本管理，就是企业和项目自己的事，成本管理没有现成的法律、规范可参照执行，也没有现成的模式可参考。

2.3　管理主体、措施上的差异

质量、工期、投资的控制主体，有业主单位、设计单位、施工单位等，大家共同管理。为了将这三大控制目标落到实处，还设立有监理单位，达到对这三大目标进行全方位、全过程监控的目的。监理单位要编制监理规划、监理实施细则等，将控制目标层层分解，通过平行检验、旁站监理等手段，进行过程监控，确保三大目标的实现。

而项目的成本管理就不能指望有任何单位和部门来监控了，没有哪个业主、监理为项目的成本问题发通知、开例会的。中标了，合同签订了，业主、监理把关注的三大目标的过程控制好了，至于项目盈亏，是施工单位自己的事。

2.4　项目成本管理在项目管理中的地位

项目部对项目成本的管理，是项目成本过程控制的第一道防线，也是最后一道防线，这道防线维系在项目经理、项目管理人员和施工操作人员的个人品质、成本管理意识和综合能力上，任何一方面的欠缺都将导致项目成本的全面失控。因为除施工企业管控之外，就再也没有像质量、进度、投资目标一样并行的成本过程监控体系存在了。

施工企业存在，首先就要生存，盈利是生存下去的基础，成本管理是项目盈利的保证，也是施工企业的生命线。尽管这条生命线没有国家行业的强制规定，没有业主的重视，更没有监理的过程监控。

3　项目成本管理的特点

成本管理的特点主要有：涉及面宽、波动性大、持续时间长、依赖性大、特殊的规律性等。

3.1　涉及面宽、波动性大

成本涉及项目的方方面面，凡产生费用的地方，便存在成本管理问题。凡安全、质量、进度、环保等方面出现的问题，都会导致项目成本的波动。项目的任何一项管理，都涉及成本管理问题。

3.2　持续时间长

项目的成本管理是伴随着项目管理而存在的，项目的成本管理持续时间甚至超过了项目的施工时间，没开工之前就开始产生了投标等费用，项目结束了，缺陷责任期、保修期可能还要产生成本。

3.3　依赖性大

成本不能独立的提出来管理，它伴随着工、料、机、间接、措施、规费等费用的产生而产生，伴随着安全、质量、进度、环保的管理而存在，也就是说，项目的任何一项管理，都直接渗透着成本的管理，都体现在项目成本的结果上。

3.4　特殊的规律性

项目成本过程管理的关键，在于前期的谋划和过程的持续控制。前期谋划好了，过程中不断修正、调整策划目标，再加上持续的绩效考核，调动员工控制成本的积极性，成本控制就会在预先谋划的轨道上有效运行。反之，前期没有很好谋划，没有具体的要求，到中后期想控制了，已既成事实，项目运行已形成了惯性，就难以扭转和控制了。

4 施工企业成本管理

施工企业要将承担的施工产值、成本目标、效益目标，分解给具体的项目经理和班子成员，也将责、权、利通过目标责任书确定下来。管理过程中，要督导项目，建立有效的项目成本核算制度，及时考核项目成本管理成果。

5 项目部的成本管控

5.1 建立成本管理组织

项目部组建后要成立项目成本管理组织，建立全员、全方位、全过程的，主动、动态、预防性的成本控制思想。项目经理是项目成本控制的主要负责人，管理人员是项目成本控制的主要管理者，项目操作人员是项目成本控制的真正实施者。

项目上的成本管理，涉及经营、财务、材料等很多部门，但项目上任何单一部门所掌控资料的宽泛度和深度，都难以达到进行项目成本分析、成本核算的程度。必须在项目经理的组织下，各部门共同合作，才能在项目上建立起成本过程监控体系，通过成本核算和成本分析，使项目经理在施工过程的不同时点上都清楚项目上的成本，哪里是正常运行的，哪里是失控的，哪里还有潜力可挖，哪里该采取对策了。对成本进行预防性的、主动的、持续的控制，才是成本管理的核心。

5.2 建立成本分析制度

建立详细的分工号、工序的收入及支出台账。项目经理要组织成本管理组成员，每月召开经济活动分析会议，进行成本核算，包括进场费，临时设施费等，要有会议记录，并形成经济活动分析报告，根据成本分析结果，制定有效措施控制项目成本。确定成本核算节点，项目部要根据项目策划、施工组织设计和施工生产计划，提前设计并编制分工号、部位、班组的成本核算节点。核算节点时，项目部要组织相关部门对施工该工号、部位的施工班组进行成本核算，从完成工程数量、使用的材料及其他消耗上进行成本分析，总结成本控制的经验、教训，找出偏差，采取有效的纠偏措施，以便对下一环节的工程施工进行有效的成本控制。

5.3 识别成本控制关键工序和关键部位

成本控制关键工序、部位，是指那些最易导致项目成本盈亏的工序或部位。

有人觉得成本全面铺开搞太消耗精力，那就先识别一下，哪些是项目成本控制的关键工序和关键部位，在这些关键工序、部位的成本控制上多下功夫，先控制主要的，摸出经验和规律后再全面铺开。比如拌和站、钢筋加工场、预制构件场、隧道开挖等，都可以作为关键工序进行及时的独立核算，加强成本控制。

隧道的开挖，就是一个关键工序，因为超挖必然导致喷射混凝土和二衬混凝土的超耗，许多作业班组愿意干开挖，初支、二衬一般不愿意干，除非不包料或不扣超耗，其原因就在于超挖部分用混凝土来填补，打一方混凝土人工费不过几十元，去补近 300～400 元一方的混凝土亏损不划算。用人工费去弥补材料的亏损，是绝对不划算的。在这些成本控制关键工序、部位上，项目应采取怎样的措施控制超、欠挖，项目管理者需提前识别、谋划。

5.4 加强技术方案、施工工艺优化对成本控制的支撑作用

技术经济相结合，是控制项目成本的最佳途径。比如对墩身结构形式的优化，可节省模板

的投入;大型机械化钢筋加工设备可有效减少人工的投入等。要充分发挥技术方案、施工工艺优化对成本控制的支撑作用。

5.5 强调安全、质量、进度对成本的影响

安全、质量是施工企业生存的底线。但过度的提高质量标准,过量的抢工期和拖延工期,均会加大项目成本的投入。在施工组织的安排上,要充分进行技术经济比较。如在开挖工序上,就不要过度的强调抢工期,因为过度的抢工期容易导致开挖界限控制不严,直接导致项目的成本损失。

5.6 综合考虑,做好合同管理

量、价双控,是指既要控制单价,又要控制数量,在合同中约定和计量规则中正确进行体现,才有可能实现量价双控。量、价双控,才能真正控制成本。在铁路预算定额中,基坑抽水存在两个子目,一个是按照湿土体积来计量的基坑抽水,承包单价比较高,水量大时每方能达到十几元,按照这种计量方式,现场签认的抽水总量应等于基坑内挖湿土量;此外还有一个按照纯抽水体积进行计量的抽静水子目,单价很低,抽每方水也就 0.5 元左右。某合同双方原约定了按第一种方式计量,合同中签订"抽水 12.5 元/m^3",但由于现场抽水量大,单价包不住,作业班组与项目部双方经过多次谈判,双方又约定按第二种方式计量并签订了补充合同,补充合同签订"抽水 0.5 元/m^3"。现场施工负责人就按照第二种方式来签认现场的抽水量,这个抽水量已经是数倍的基坑挖湿土量。结算时,作业班组主张按 12.5 元/m^3 的单价,按抽静水现场签认的数倍于基坑挖湿土的量进行结算。按此计算,两个涵洞仅抽水一项,就达到 400 多万元,而这两个涵洞的设计概算造价总共才 280 万元。合同中计量规则约定不明确,导致工程量计量标准混乱,签认的工程数量失控。仅从单价上看,应该是补充合同单价低更好了,但对量的失控,造成了比单价高更大、更可怕的损失。对合同中单价的含意,尤其是工程量计量规则的约定要严密。

5.7 执行合同交底制度

合同签订后,项目部要进行合同交底,由项目部的合同签订部门向技术、现场管理、材料、机械、财务等相关人员介绍合同的主要条款,以及每一个合同单价的工程量计量规则、容许材料损耗量、材料节余和超耗部分的处理原则、设备机具周转材料由谁提供及管控、电及燃油等能耗费用由谁承担及如何控制等,使项目具体管理人员都清楚该怎么管,该怎么控制,该积累哪些有效证据,该为结算提供哪些有效签证等等。某偏远项目,原先租队伍一台挖装设备,合同约定租赁单价中不含燃油费,燃油由项目部承担。随着施工的进行,又租了该队伍的一台挖装设备,合同约定租赁单价含燃油费,燃油由队伍承担。在成本调查中了解到该项目因偏远,燃油都是项目部的油车去拉油回来后再加油,从未见到过队伍的油车来给加过油,也没有在项目上的任何部门,找到项目部给队伍后租那台设备加油的小票和账项。后租的那台设备,可以不用油就能施工运转,管理的漏洞显而易见。分析原因可发现,如果有合同交底,就可以让具体管加油的人知道这两台设备的用油是有区别的。

5.8 做好物资设备管理

5.8.1 比价采购

对材料、油料、设备、配件等采购,必须严格执行招标采购和比质比价采购,控制源头成本,

按计划采购，按限额发料。

5.8.2 限额发料，加强材料核算

工程中要进行限额发料、限额核算。单价和材料损耗比较一下，哪一项对成本的影响更大。项目常常在单价上纠结，但超耗的成本损失，会更隐秘而不易被发现、损失也会更大。某项目中合同约定钢材3%的损耗，过程中未进行核算。完工后最终损耗达到了5%，怎么办？作业班组一找、二闹、三在关键工序上不施工。企业是承包方，业主的工期逼得很紧，企业必须按期完成。最终，项目被迫与作业班组签订补充协议，将损耗从3%调到5%。就这2%的损耗，每吨钢材成本损失就达到60元。

正确的做法是项目部及作业班组应从项目进场起开始严格控制成本。项目部要及时进行盘库、核算、分析，把一些超耗的危险信号及时提供给作业班组，以利于作业班组搞核算并查找他们管理上的漏洞，帮助他们进行管理，使他们实现盈利，才能减少和避免因作业班组管理不善造成超耗，导致其因亏损或预期利润减少，给项目部制造大量麻烦。最终实现作业班组和项目的真正双盈。

5.8.3 做好单机核算

做好设备的功效、消耗单机核算分析，有效控制项目成本。在前文"控装设备用油"的案例中，如果项目的成本分析和核算机制能比较健全，在月成本分析中就能分析出该作业班组本月挖装了多少方土，常规用油应该是多少，项目部实际应该承担多少油料费，作业班组前一台设备实际加油多少，面对至少翻番的油料消耗，项目部就可采取"亡羊补牢"的措施了。

5.9 作业班组的管理

作业班组的管理是项目成本管理的一个重要环节，做好对作业班组的选择、合同签订、过程管控、技术服务等工作。

5.10 利用信息化手段，提高项目成本控制效率

公司、项目要有效利用信息化手段，提高项目成本控制效率。从数据输入、数据分类、分析加工等关键环节，提升项目成本分析、成本控制的效率和精准度。

5.11 做好培训

要将项目策划的成本控制策略、成本目标的分解，结合公司对成本过程控制的要求，具体人员应完成的工作内容和工作标准，向具体的管理者、操作者做具体的交底和培训。培训工作中，成本管理培训的任务是最繁重的，因为成本管理是全员参与，培训覆盖面广，要引起重视。

5.12 及时核算

执行力是检查出来的。大多数人执行力的表现原则是只做管理者检查的，不做管理者希望的。用及时核算出的实际成本，和分解的目标成本一一比较，剔除不可控因素后，就是核算结果。

5.13 激励到位

低效率、靠管理；高效率、靠激励。员工表现靠能力加激励。高效率是激励出来的。个别员工执行力差，是个人的能力问题；整个项目执行力差就是项目管理和激励的问题。

激励到位有三层意思：力度到位、描述到位和兑现到位。

力度到位是指在市场上有竞争力、在员工中有吸引力、项目上有承受力。描述到位是指要

简洁易懂,最好能够形象化,让员工一看就明了。兑现到位是指项目领导说的话一定要算数,不要结果出来了,领导不提给奖,职工也不好意思提,不了了之,是会挫伤积极性的。

常言道“谋事在人,成事在天”。企业、项目的成本管理,谋划了、实施了,还需要时间形成惯性,此外,还会受到方方面面风险的影响,并不一定马上就能见到成效。但确定无疑的是不谋事、不研究、不作为,一定是不会见到成效的。希望施工企业在打造创新核心竞争硬实力的同时,坚持长期的成本管理,控制项目建造成本,提升企业的核心竞争软实力。

6 结语

成本管理是施工企业永恒的主题,只有做好了成本管理,企业才能生存和发展。怎样做好成本管理,是企业和项目管理者应长期探讨的课题。

参考文献

[1] 宋树刚.论施工企业项目成本管理[J].经济研究导刊,2009,2.
[2] 付跃超.论施工企业项目成本管理[J].中国经贸导刊,2010,1.
[3] 张莉.施工企业项目成本管理研究[J].经济研究导刊,2010,7.

试述开展经济活动分析对项目成本管控的重要性

侯德东

（中交三公局第一工程有限公司　北京市　100012）

摘　要：施工企业经济活动分析，是运用各种经济指标和核算资料，对企业的经济活动过程及其成果进行分析研究，它是企业经济核算工作的重要环节。

关键词：经济活动分析

1　前言

通过数据分析，发现存在的问题，制定措施堵塞漏洞，提高经济效益。让企业的经营者了解企业的过去，预测未来，控制现在，提高企业管理水平。当前施工企业管理或多或少存在如下弊病：

1.1　成本管理粗放，难以实现利润最大化

企业可持续发展的关键是实现利润的最大化，降低成本是实现利润最有效、最根本的途径。但当前大多数施工企业整体管理水平不高，责任成本管理制度不健全，缺乏内部定额、取费标准等基础内容，施工组织、管理方式还是沿用旧经验、老办法，不进行科学测算、成本分解，项目成本控制流于形式，造成施工成本居高不下，企业利润越来越薄。

1.2　安全管控流于形式，安全投入不到位

随着国家对施工安全的高度重视，项目的安全管理明显滞后，特别是通过竞标取得的工程，利润偏低，一些项目为了降低成本，对安全生产投入能省则省，安全设施形同虚设，现场监督不到位，比如新建路与现况平交路口不设围挡及警示标志，高边坡护砌作业不搭设施工脚手架等，不出安全事故则罢，一旦发生安全事故则损失远大于安全生产的正常投入。

1.3　核算模式过于僵化、沟通不顺畅

企业营业额逐年增加，利润率总是维持既有水平或者降低，表明项目疏于现场管理及精细化管理。依靠数据算账的成本管控模式弊病凸显。占工程成本50%～70%的材料过程管控不到位，劳务队伍为了节约极少的劳务费，不计材料成本，造成材料浪费，超耗严重。比如钢筋，可以焊接利用的，队伍为了节约劳务及辅材，直接将整根钢筋截取，造成大量的边角料存在，“回收等额边角料量”的价差部分无形计入项目成本。而物资部只负责收、发料数量核算，工程部只注重质量管理，经营部依据数据算账，部门沟通少，施工过程中材料一直是一个不正常的消耗状态，积少成多，至项目完工造成成本大量增加。

1.4　方案比选有待提高，措施费居高不下

项目的收入确定了，项目成本投入与项目利润是此消彼长的关系，管理人员的分析判断影

响着措施费的大小。例如现浇箱梁，目前传统的施工方法是基底硬化处理、搭设满堂支架、拼装模板、堆载预压、浇筑混凝土，但是随着施工方法的不断创新，采用钢管桩＋贝雷梁代替传统满堂支架的方式，对地基承载力要求大大降低，施工速度也明显提高，加速模板的周转利用。因此需要通过经济比选，看哪种施工方式更适用，更节约成本。没有翔实、科学的施工方案做支撑，措施费的节约也就是空中楼阁。

1.5　现场管理薄弱，施工队伍投入增加

现场是利润的源泉，现场管理的好坏，直接影响项目的成本。在合同签订时，一定要认真研读图纸、招标文件、工程量清单说明等基础资料，做到分包工作内容无遗漏。如某项目的路基填方为土石混填，在设计图纸上标注土石混填的边坡上有15cm清表土覆盖，上面喷播植草，清表土覆盖在清单里不另计价，项目在劳务合同签订时疏忽，未涵盖此内容，施工时队伍以合同工作内容不包含为由，拒绝施工，要求另外计价，增加项目成本。

1.6　现场租用机械管理不力

项目租用机械，在机械的运转记录、燃油消耗管理等方面疏于管理，队伍该用人工完成的工作内容，常常霸占机械完成，享受免费的午餐。比如项目安装路缘石，队伍应该自制炮车负责场内近距离倒运，队伍看项目租赁了装载机，就安排人带领装载机负责散布路缘石，待项目要求其签订台班时，队伍也不签字，结算时无法按合同约定扣除机械费。

以上情况暴露的问题，项目如能及时进行经济活动分析，就能及时发现管理上存在的问题。因此经济活动分析在施工中十分必要，对一定时期的成本按清单归纳，分析成本较高的项目，及时发现问题，制定措施，不断纠偏，对可控因素在后续施工中加强管控，起到有效控制成本的作用。

2　经济活动分析

(1)树立全员参与成本管理理念。建立严格的成本管理核算体系，实施全员成本管理责任制，明确体系流程、工作程序，以及每一名员工的成本管理职责、指标，做到人人心中有成本，人人肩上有指标。还要做好合同交底，使每个管理人员都能知道每项工作该由谁负责，比如试验室通过优化混凝土配合比，可以降低水泥消耗量；测量可以通过提高测量精度控制；合理节约路面结构层材料用量；办公室通过比价采买办公用品，控制成本支出等。

(2)提前做好成本策划，根据工程实际情况，如地质情况、人文环境、交通情况、市场材料价格、租赁市场价格、劳力提供情况等，因地制宜做出与实际施工相吻合的成本策划，增强策划的指导性。

(3)拓展实现利润的思路。从成本与效益的对比中寻找相对成本最小化。比如切实加大安全投入，保障职工在安全的环境中生产，做到安全生产全员参与，全过程、全方位、全天候动态管理，从而建立安全稳定的工作环境，减少安全事故的发生，降低项目的隐性成本，同时树立良好的企业形象，增加企业的无形收益。

(4)在责任成本控制和核算中严把“五关”(劳动力配置关、材料采购关、材料用量和储备关、工程质量关、机械保障关)，控制“四要素”(人工费、材料费、机械费、现场管理费)，具体做好以下几点：

①劳务管理：队伍进场前合理策划，本着工程量明确、相互影响小、便于统计核算、能够形

成生产规模的原则进行划分施工区段,引进施工班组,并对每个施工班组的实际投入与产出进行定期核算,协助队伍做好分包管理。

②材料控制:按月分队伍进行材料核算,项目工程部、物资部、经营部提前沟通,核算到什么部位,核算到具体哪个墩位必须一致。物资部需要对部分主材消耗量进行调整,将未计入产值的半成品盘存,真正实现主材理论消耗量与实际消耗量的对应。依据材料核算成果,超耗材料在劳务结算中扣除,起到有效管控项目成本的作用。

③机械管理:加强租赁设备的运转管理;机械使用量(包括燃油)按月统计,主要针对的是项目部月租的设备,队伍使用设备必须经项目主管设备的负责人同意,并签认使用记录。设备的使用要细化到每个清单细目,根据完成工程量进行合理分摊。对劳务分包单价中包含机械费而使用项目部机械的要签认台班,并在结算中扣回。

④注重基础数据收集,对已产生的各项成本按工程清单细目合理分批摊销,进而有效识别出成本偏高的清单项目,进行有针对性的控制。

⑤对清单项涵盖内容分解:中标清单单价是完成清单项目的全部收入,而中期作经济活动分析时往往是个别清单项目只完成了部分工序,需要将未产生费用的工序估算进去(或者在清单价中把未发生项目的费用剔出),避免盈亏波动异常(如空心板混凝土C50的清单价包含预制及安装两部分,而现场只完成空心板预制,尚未安装)。

(5)要定期召开经济活动分析会,重点对责任成本预算、责任成本支出、目标利润等的实际完成情况进行分析。查明造成盈亏变动较大的原因,采取纠偏措施。在下次经济活动分析会时重点关注采取的应对措施是否有效。

3 结语

经济活动分析是工程成本的晴雨表,能及时发现项目存在的问题,进而制定措施,完成纠偏,是通过归集实际发生的成本,进而测算出如果按这个水平施工,项目预计到完工时成本是个什么状况,提前给项目领导预警,亡羊补牢。使成本管理从被动型、算账型、经验型积极向主动型、经营型、科学型、经济与技术结合型转变。面对日趋激烈的市场竞争,建筑施工企业唯有认真研究形势,不断加强项目管理,不断提升竞争优势及核心竞争力,才能实现企业可持续发展,将企业做大做强。

参考文献

[1] 刘涛瑞.建筑施工企业项目管理剖析[J].现代经济信息,2009(18).

[2] 张锦华.建筑施工成本管理存在的问题措施分析[J].中国科技投资,2012(24).

浅谈工程项目实施阶段的造价成本控制

祝　林　宁耀强

（中交三公局第一工程有限公司　北京市　100012）

摘　要：本文通过对工程项目成本控制中一些问题的分析，提出项目成本控制应采取的措施，为项目施工阶段成本控制提供一些借鉴，希望施工企业能把成本控制作为企业的核心任务。

关键词：工程项目　施工阶段　成本控制　措施

1　前言

施工项目成本综合反映了施工企业施工项目管理水平的高低，在整个项目目标管理体系中处于十分重要的地位。项目成本管理是在保证满足工程质量、工期等合同要求的前提下，对项目实施过程中所发生的费用，通过计划、组织、控制和协调等方式实现预定的成本目标，并尽可能地降低成本费用的一种科学的管理活动。实施成本控制，对降低工程成本，改善经营管理，提高职工的主人翁意识和劳动积极性都有极其重要的作用。特别是对提高工程质量、确保安全施工等有深远的意义。只有不断地加强施工企业项目管理中的成本控制，才能使企业在激烈的市场竞争中不断地自我完善，增强企业的生命力，实现可持续发展。

目前，我国大多数工程技术人员往往把工程造价看成是财务、概预算人员的职责，与己无关。在项目实施过程中，工程技术人员只注重工程质量控制及工程进度控制，忽略成本控制。如果技术人员忽略工程造价，工程造价人员不懂得相关的工程技术知识，施工成本就难以确定和有效控制。

2　工程项目施工阶段对造价影响较大的因素

2.1　合同条款的严密

工程合同是发包人和承包人就建设项目事宜依法订立的有关权利、义务和责任的施工合同。其内容最复杂、标的较大，明确相互权利、义务和责任关系的合同，是工程建设质量、进度、投资三方面控制的主要依据。一个完整、科学、合理的施工合同将体现与工程造价有关的信息，包括：合同文件的组成解释，具体、明确的工程实施范围，工程数量，总造价的组成，计费方式及费率，浮动率，工程款的支付方式，工程的变更、签证等规定，工程结算、工期、质量的约定，检测、检验费，索赔、风险责任，保险，甲方供应材料和设备，分包工程等等。上述各项内容在招标及合同签订时稍有不明确或确定不合理（清单细目、合同条款不明），即可对造价造成很大影响。

2.2 施工组织设计的影响

施工组织设计是确定工程造价的基础,工程造价的高低除了与预算知识有关外,在很大程度上取决于施工方案的先进程度,不同的施工方案所产生的单价是不一样的。只有根据合理的施工方案和施工技术,才能制定出正确的工程单价,进而确定出合理的工程造价。而工程造价的合理确定同样影响着施工方案的优化。

最优的施工组织设计应该是既方便施工、又能增加效益,同时又可以减低施工成本。在设计过程中,应对各种方案进行比较,在充分论证的基础上,从中选择最佳的设计施工方案。采用新技术、新工艺是降低工程造价的主要手段。在施工组织设计中应用新技术、新材料、新工艺、新设备,既可以提高生产力,又可以降低工程造价。

2.3 前期变更优化的影响

变更优化是对设计进行再加工的过程。经过设计优化,使得结构布置更为合理、用料更省,从而达到减低工程成本的目的。

桥梁工程的墩柱工程如果设计直径种类过多,则会导致模板成本过大,通过优化后,在满足质量和施工要求的前提下,尽量将桥梁墩柱统一为同一直径,可以很大程度的降低模板费用。

施工进场后,对图纸进行提早策划,加强与设计单位及相关人员的沟通,可以有效地降低施工造价。

2.4 施工进度的影响

一般情况下,施工进度越慢,工期拖得越长,工程成本越大。如果采用赶工的方法缩短工期,也可能会在人工、机械及一些周转材料上增加成本。这就需要在开工前进行详细计算、分析,确定一个较为合理的施工进度,最大限度地降低工程造价。

3 工程项目施工阶段造价控制采取的措施

针对以上分析的工程项目施工阶段造价失控的因素,采取以下防范措施:

3.1 制定严密的合同条款及加强施工过程中的合同跟踪与管理

施工合同管理是有效控制工程造价的重要依据。在工程建设中签订公平公正、条理清晰、权责明确的施工合同是有效控制工程造价的重要基础。要管理好施工合同,首先要将合同原件、补充协议、施工方案等相关资料进行完整保存;其次,要在工程建设中时刻关注合同的执行情况,保证合同双方都能按照施工合同的规定严格履行自己的义务并享有自己的权利。

随着我国与国际接轨,实行严格的合同管理,成为建设单位的首选课题。编制严密的招标文件、合同文本,尽量完善对承包商的制约条款,防止施工单位进场后以工期紧、场地狭小等为借口,进行各种各样的签证索赔。加强施工过程中的合同管理,掌握市场信息,运用好法律法规尤为重要。

3.2 施工组织设计的优化和施工方案的技术经济比选

施工组织设计应考虑全局,抓住主要矛盾,实事求是地做好施工全过程的合理安排:

(1)重视施工准备工作,不打无准备之仗。

(2)进度计划安排上的均衡原则。

(3)工序高效性。

(4)充分利用现有机械设备,内部合理调度,力求提高主要机械的利用率。

(5)施工技术以提高经济效益,简化工序为原则。

施工方案的技术经济分析,应先建立技术经济分析指标体系,灵活运用定性方法,有针对性地应用定量方法,对各种施工方案从技术上和经济上进行对比分析,最后选定最合理利用人力、物力、财力、资源,即项目投资最低的方案。

3.3 正确处理工期、质量、成本三者之间的关系

(1)项目建设目标的理想状态是同时达到最短工期、最低造价和最高质量,但实际上是很难实现的。成本、质量、工期,这三个要素之间存在互相制约的关系。要提高质量就要增加成本,要缩短工期又可能会提高成本,因此,在制定项目建设目标时,应该先对各种客观因素和执行人可能采取的行动及这些行动的可能后果进行研究,实事求是的确定一套切合实际的衡量准则,通过对具体情况的具体分析,制定项目建设的具体目标。

(2)正确处理工期与造价的关系。缩短施工工期,可以降低施工企业的固定成本,有益于降低建筑安装工程费用。但是,如果采用赶工的方法缩短工期,则需投入更多的人力和施工机械,需采用新型材料和技术措施,因而人工费、机械费、材料费就会增加,加大工程费用。

(3)正确处理质量与造价的关系。工程质量是指竣工的工程应达到设计要求、符合国家标准和规范。工程质量标准是从工程的性能、寿命、可靠性、安全性和经济性五个方面综合考虑制定的。在工程建设中,只有质量合乎要求的工程才能投入生产和交付使用,才能发挥投资效果。控制工程造价必须贯彻技术与经济相结合的原则,既要保证工程质量,又要把降低工程造价的观念渗透到整个建设过程的每项工作中去。做到深入分析工程的功能,合理确定质量标准;择优选用施工方案;降低质量成本;把握好工程变更、现场签证和索赔的管理。

在工程项目实施过程中,由于多方面的情况变更,经常出现工程量变化,施工进度变化,以及发包方与承包方在执行合同中的争执等许多问题,有可能改变施工项目或增减工程量,从而造价也会变化。所以认真处理这三者之间的关系,使之处于最佳状态,是极其重要的。

3.4 做好市场材料及设备的询价,建立信息体系

建设工程的材料及设备费一般要占工程总成本的60%左右,显然控制材料成本是控制施工阶段的一个重要方面。首先,企业应系统关注机构公布的价格,与社会咨询机构保持联系。建立起企业自身的价格信息网络,保持信息渠道的通畅,及时准确地把握不同地区及不同规格的材料、半成品的价格信息,保证工作人员可随时随地地调用及监督,做到资源共享。要进一步建立与商家及厂家的经济往来关系,寻找物美价廉的产品。其次,要控制材料的采购单价,还应在系统价格的基础上,定期绘制主要材料的时间—价格曲线图,分析材料的周期变化规律,结合技术曲线的分析及市场经济的运行状况,委托人的通货膨胀及通货收缩状态,研究判断不同地区、不同材料的短期及中期走向,在参照价格信息的基础上,增加理性分析的因素,把握材料的走向趋势,将其分析成果应用在开发生产中。

4 结语

随着我国建筑业的快速发展,建筑工程实施阶段的造价控制变得越来越重要。建筑工程

实施阶段的造价控制是建筑工程造价全过程控制非常重要的方面。对建筑工程实施造价控制不仅保证了建筑施工的正常有序进行，而且对整个工程的造价控制起到了关键作用。对于造价管理这个大课题，远不止这些内容能够囊括，还需要具体问题具体分析，各方面有关人员不断努力，使之不断完善成熟。

参考文献

[1] 徐大图.工程造价确定与控制[M].中国计划出版社，1999.

[2] 李夙敏.建筑项目施工阶段工程造价影响因素分析与控制措施探讨[J].中外建筑，2009(12).

浅谈试验检测对保证公路及隧道工程质量的重要性

刘志超

（中交三公局第一工程有限公司　北京市　100012）

摘　要：文章简单介绍了加强公路工程试验检测工作的必要性和重要性，概述了试验工作的主要范围，结合工程实践，提出了加强试验检测工作，提高工程质量的措施和途径，以及公路工程隧道施工检测要点。

关键词：试验检测　隧道　质量

近年来，我国大力发展公路建设，高等级公路发展迅猛。据了解，活跃在各地从事公路建设的施工队伍中，有相当一部分施工队为非专业队伍，资质低，技术治理水平低下，质量保证体系不完善，质量意识薄弱。有些工地甚至连最基本的质检人员和试验检测设备都没有，所有这些使得工程质量治理失控，最终导致工程事故的发生。在此，以公路工程试验检测为切入点，就如何提高工程质量等问题，从工程质量检测手段的角度，分析探讨在当前公路建设形势下，如何切实加强试验检测工作，提高工程质量，加快工程进度，降低工程成本，推动施工技术进步。

1　加强公路工程试验检测工作的必要性和重要性

（1）通过试验检测，能充分利用当地出产的材料，便于就地取材。譬如建设地点的砂石、填料等等，可借助试验检测这种有效手段，通过对砂石密度、级配、含泥量、压碎值、轴心抗压强度、最大干容重、液塑性指标试验等，来判定原材料是否满足施工技术规范的要求，以便选择质优、量大，便于开采和运输的材料，组织、安排施工计划，可加快工程进度、降低工程造价。

（2）通过试验检测，有利于推广新技术、新工艺和新材料的应用。及时有效地对某一新材料、新技术、新工艺进行试验检测，以鉴别其可行性、适用性、有效性、先进性，从而为完善工程设计理论和施工工艺积累实践经验，采集相关资料、数据，这对于推动施工技术进步，提高工程进度、质量等将起到积极的作用。

（3）通过必要的试验检测，可科学地评定所用原材料及其成品、半成品材料的质量好坏。有了这套科学有效的测试手段，对于任何一种材料均可通过对其规定性能的相关检验，从而评定其产品是否合格，这对于合理地应用材料，提高工程质量是非常重要的。

综上所述，可见试验检测对于提高工程质量，加快工程进度，降低造价，推动施工技术进步，将起到非常重要的作用。因此，加强试验检测工作，势在必行，应当引起高度重视。

2 试验工作的主要范围

(1)路基土石方填筑开工前必须进行的试验

含水率、密度、颗粒分析、液塑限、土的有机质含量、土的强度试验(CBR)、标准击实试验。

(2)桥涵构造物等工程开工前必须进行的试验

①砂石(砾、碎)料试验:表观密度、堆积密度、筛分、含泥量试验、石料针片状含量试验、含水率测定、压碎值、磨耗值、软弱颗粒含量试验。

②水泥材料试验:力学试验、细度、标准稠度、凝结时间、胶砂强度试验。

③水泥砂浆试验:水泥砂浆的密度、稠度、抗压强度试验、配合比设计标准试验。

④水泥混凝土试验:水泥混凝土的密度、坍落度、抗压、抗冻强度、劈裂抗拉强度试验、配合比设计标准试验。

⑤钢材的检验与试验:标准代号、表面形状、钢筋级别、公称直径、屈服点、抗拉强度、伸长率、冷弯试验,以及搭接筋长度和焊接质量的检测、试验。

⑥水质分析:氯离子含量、硫酸根含量、pH 值(酸碱度)试验。

(3)路面开工前必须进行的试验

①无机结合料稳定材料试验:含水率、标准击实,抗压强度、抗拉强度、室内抗压回弹模量、稳定土配合比设计、稳定土中水泥或石灰剂量的测定、石灰的化学分析。

②矿料试验:

a. 碎石的压碎值、磨耗值、视密度、磨光值、细长扁平颗粒含量及颗粒组成等各项指标的试验检测,砂的视密度、坚固性、砂当量等指标的试验检测;

b. 矿粉的视密度、含水率、粒度范围等指标的试验检测。

③沥青混合料试验:

a. 沥青原材料试验:相对密度、软化点、针入度、黏度、闪点、溶解度、含蜡量及加热损失试验;

b. 沥青混合料试验:密度、孔隙率、马歇尔稳定度和流值、残留稳定度、沥青含量、筛分试验、配合比设计标准试验。

3 加强试验检测工作,提高工程质量

3.1 试验检测人员素质、技术水平有待提高

目前,各地施工单位技术水平不一,试验检测人员匮乏,且素质低,缺乏一支业务素质较高的质检人员队伍。因此,针对当前存在的情况,有必要充实试验检测队伍,提高其整体素质和业务水平。这方面,交通主管部门已引起重视并开始落实。连续几年来质监站已组织公路系统试验检测技术人员分期对相关部门进行系统培训,这就是一个良好的开端。

3.2 健全法制,完善质检机构和工程质量治理制度

对于法规制度,我国已有《中华人民共和国公路法》及有关行业标准,还相继出台了一批治理制度、方法、暂行规定等。这对推动公路建设的健康发展将起到积极作用,但随着形势的发展,现有的法规制度已不能适应公路建设的高速发展需要。因此对于上述法规制度还有必要进一步完善,以便使公路建设单位做到有章可循,有法可依。另外,试验检测机构还有待进一

步完善，加强治理，严格治理，制定一套可行的治理措施，使试验检测机构逐渐规范化、专业化。

3.3 进一步建立完善公路工程质量保证体系，增强工程质量意识

目前实行“政府监督，社会监理，企业自检”三级质量保证体系。各级质量治理部门应各司其职，按质量第一的方针和全面质量治理要求，采取切实有效的措施，不断提高质量治理水平。在实际工作中，应严格实行质量自检，加强质量治理和质量监督，逐步建立完善三级质量保证体系。其次有增强建设各方面的质量意识，分工负责，责任到人，真正落实质量岗位责任制。

4 公路工程隧道施工检测要点

公路隧道施工检测主要包括两个方面的内容：一是对公路隧道施工质量进行检测，二是对公路隧道施工进行监控量测。

4.1 公路隧道施工质量检测

(1)一是从公路隧道工程中经常出现的各种质量问题来看，其中绝大部分存在质量隐患的原因，都是因为在施工时管理不当，因此必须加强对施工过程的质量检测。二是超前支护的强度不够，预加固不符合施工要求等，都有可能造成隧道坍塌等重大事故，或出现冒顶等问题，严重影响施工质量，使施工进度受到严重的影响，造成工程材料的极大浪费。三是开挖隧道前和开挖过程中，为了确保围岩的稳定性，必须采取必要的辅助方法。例如可以采用一边用掌子面掘进的办法完成加固，一边以换拱的方式进行施工。

(2)后续工序主要受爆破结果的影响。我们应认真落实特长隧道有关施工的特殊要求，充分认识到工程风险，特别是复杂的隧道水文地质存在着不可预测的风险，应充分利用隧道断面仪，对爆破质量及时进行检测，特别是应重点检查爆破之后的隧道断面，将其与设计的断面进行比较，从中掌握隧道超挖和欠挖的情况，并对隧道围岩进行检查，尤其应重点检查围岩的变形状况，杜绝盲目施工、随意施工，确保隧道结构稳定、牢固，施工过程安全。

(3)一是着重提高支护质量，特别是应保证锚杆的安装质量，严格控制喷射混凝土的质量，切实注意钢构件的质量。二是工程质检部门必须对锚杆的间距和方向进行检测，注意检测注浆锚杆的抗拔力等性能。三是认真检测喷射混凝土的厚度、平整度等，判断其是否符合施工要求。四是检测钢构件的规格大小是否符合要求，锚杆连接、节间连接情况是否稳固，钢架间距长度是否得当，各个构件和围岩之间的接触情况。五是同时加强探测支护后边的施工情况，特别是重点探测其回填的密实度。严格检测各项支护质量，确保隧道施工顺利进行。

(4)衬砌混凝土质量检测包括衬砌的几何尺寸、衬砌混凝土强度、混凝土完整性、混凝土裂缝、衬砌背后回填密实度和衬砌内部钢架、钢筋分布等的检测。外观尺寸用直尺量测，混凝土强度及其完整性则用无损技术检测，混凝土裂缝用塞尺或裂缝观测仪检测，衬砌背后的回填密实度用钻孔法或地质雷达法检测。对衬砌混凝土质量控制均按照《公路隧道施工技术规范》严格施工，按照《隧道工程试验检测技术》进行检测。

4.2 公路隧道施工监控量测

施工监控量测是新奥法施工的一项重要内容，它既是施工安全的保障措施，又是优化结构受力、降低材料消耗的重要手段。量测的基本内容有隧道围岩变形、支护受力和衬砌受力。隧道周边位移采用收敛计和全站仪量测。隧道拱部沉降采用精密水准仪和全站仪量测。围岩内部的位移，采用机械式多点位移计量测。锚杆轴力用测力锚杆量测。

4.3 公路隧道环境监测

环境监测主要分施工环境监测和运营环境监测。施工环境监测的主要任务是检测施工过程中的粉尘和有害气体。这里的有害气体主要是 CH_4，若 CH_4 达到一定浓度，且施工中防治措施不当，则可能引起爆炸，造成人员伤亡或经济损失。

5 结语

随着高等级公路建设迅猛发展，农村公路建设全面展开，质量是工程的生命已成为人们的普遍共识。本人认为作为检验工程质量的唯一有效手段，试验检测是不容忽视的。因此，如何加强试验检测力度，提高公路工程质量值得广大同行共同探讨。

参考文献

[1] 郦挺，周海斌，周顺超. 浅谈建筑工程质量检测的现状及发展对策[J]. 科技资讯，2007(12).

[2] 沈高，顾卫华. 公路工程施工质量的检测与控制[J]. 甘肃科技，2007(08).

[3] 杨艳春. 浅谈试验检测对保证工程公路隧道质量的重要性[J]. 甘肃科技，2011(05).

安全生产需要通过监督管理实现

赵永君

（中交三公局第一工程有限公司　北京市　100012）

摘　要：安全生产是指在劳动过程中，努力改善劳动条件，克服不安全因素，防止伤亡事故的发生，使劳动生产在保护劳动者的安全健康和国家财产及人民生命财产安全的前提下进行。总的来说，安全生产的目的就是保护劳动者在生产中的安全和健康，促进经济建设的发展。本文主要论述如何通过管理实现安全生产。

关键词：安全生产　监督管理

1　安全生产的基本目标和任务

《安全生产法》的第一条，开宗明义地确立了通过加强安全生产监督管理，防止和减少生产安全事故，实现的三大基本目标，即保障人民生命安全，保护国家财产安全，促进社会经济发展。由此确立了安全（生产）所具有的保护生命安全的意义、保障财产安全的价值和促进经济发展的生产力功能。

2　安全管理五要素

2.1　安全责任——安全生产的灵魂

安全责任主要是指在生产经营活动中承担的与安全有关的责任。企业对安全生产负有主体责任，要求企业遵守有关安全生产法律、法规、规章，加强安全生产管理，建立安全生产责任制，完善安全生产条件，执行国家、行业标准确保安全生产，承担事故报告、救援和善后赔偿的责任。企业主要负责人是安全生产的第一责任人，对本企业安全生产工作负总责，第一责任人要切实负起职责，要制定和完善企业安全生产方针和制度，层层落实安全生产责任制，完善企业规章制度，治理安全生产重大隐患。企业内部必须严格遵守“党政同责、一岗双责、齐抓共管”，“管业务必须管安全、管生产必须管安全”，“谁主管谁负责”的大方针。

2.2　安全法制——安全生产的利器

安全法制，是指安全生产法律法规和安全生产执法。主要内容包括：宣传、贯彻《安全生产法》，健全《安全生产法》的配套法规和安全标准，逐步建立健全安全生产法律法规体系，行业、企业要结合实际建立和完善安全生产规章制度。真正做到有章可循、有章必循、违章必纠，体现安全监管的严肃性和权威性，使“安全第一”的思想观念真正落实到日常生产生活中。

2.3　安全科技——安全生产的手段

安全科技是实现安全生产的手段。“科技兴安”是现代社会工业化生产的要求，是实现安全生产的最基本出路。安全是企业管理、科技进步的综合反映，安全需要科技的支撑，实现“科技兴安”是每个决策者和企业家应有的认识。安全科技水平决定安全生产的保障能力，因此，安全科技是事故预防的重要力量。只有充分依靠科学技术的手段，生产过程的安全才有根本保障。

2.4 安全投入——安全生产的保障

安全投入是安全生产的基本保障，是指保证安全生产必需的人员和经费。主要内容包括：设置安全管理机构，配备专(兼)职管理人员，建立多渠道的安全投资机制。企业是安全投资主体，要按规定从成本中列支安全生产专项资金，加强财务审计，确保专款专用。安全也是生产力。提高安全生产的能力，需要为安全付出成本，安全的成本既是代价，更是效益。现在每发生一起人员死亡事故，经济损失都是百万元开始计算，而且一旦《安全生产许可证》被扣，更会极大影响企业正常生产经营，所以企业的一把手一定要算清这笔账。

2.5 安全文化——安全生产的根本

安全文化，是存在于人们头脑中，支配人们行为的思想和行为习惯。对职工要加强宣传教育工作，普及安全常识，强化全员的安全意识和自我保护意识。领导干部要树立“以人为本”的执政理念，时刻把人民生命财产安全放在首位。企业要确立具有自己特色的安全生产管理原则，落实各种事故防范预案，加强职工安全培训，确立“人的生命一生一次、关爱生命一生一世”的人本安全理念。自上而下形成一种企业安全、健康、向上的氛围，促进员工不断提高安全意识，由“要我安全”向“我要安全”转变，紧扣国家安全发展的主旋律。通过文化建设，监控物的状态，规范人的行为，从依靠传统经验的“严防死守”向标准化、信息化的现代化管理转变。

安全生产“五要素”既相对独立，又是一个有机统一的整体，相辅相成甚至互为条件。安全文化是灵魂和统帅，是安全生产工作基础中的基础，是安全生产工作的精神指向，其他的各个要素都应该在安全文化的指导下展开。安全文化又是其他各个要素的目的和结晶，只有在其他要素健全成熟的前提下，才能培育出深入人心的“以人为本”的安全文化。安全法制是安全生产工作进入规范化和制度化的必要条件，是开展其他各项工作的保障和约束；安全责任是安全法制进一步落实的手段，是安全法律法规的具体化；安全科技是保证安全生产工作现代化的工具；安全投入为其他各个要素能够开展提供物质保障。

3 强化过程监督，实现全员参与

安全生产工作是一项需要全员参与的系统工程，需要单位内部各个管理单元和作业单元的全方位参与，它是一个单位综合管理水平的体现，从这个角度来说，安全生产不是仅仅靠安全监督管理部门就能够做好的，必须要各岗位、各环节同时发挥效力。根据《建筑施工企业安全生产管理机构设置及专职安全生产管理人员配备办法》(建质〔2008〕91 号)规定要求，企业必须设置安全生产管理机构，配备专职安全生产管理人员。直接从事施工生产的项目部，应配备专(兼)职安全员，形成安全生产监控网络。

4 结语

做好安全生产工作，要以“五要素”为抓手，切实提高领导安全意识，真正落实“一岗双责”，动员一切力量，形成齐抓共管的局面，建立健全企业的管理体系，让有限的安全监管力量真正发挥监督作用，才能保证安全生产形势的持续稳定。

参考文献

[1] 陶峰. 建筑施工管理创新浅谈[J]. 科技创新导报，2010，17.
[2] 李兆顺. 创新项目工程管理的探索实践[J]. 建筑，2010，13.
[3] 陈建益. 论工程项目施工管理的创新问题[J]. 广东科技，2011.
[4] 田金信. 建筑企业管理学[M]. 北京：中国建筑工业出版社，2004.
[5] 刘小平. 建筑工程项目管理[M]. 北京：高等教育出版社，2002.

关于公路工程工法的探讨

王　启

（中交三公局第一工程有限公司　北京市　100012）

摘　要：工法是施工企业技术工作的一项重要内容，也是施工企业技术水平、施工能力的重要标志，本文着重对公路工程工法的选题、编写、注意事项等方面进行了详细的阐述，以供交流探讨。

关键词：公路　工程　工法

1　工法的定义

《公路工程工法管理办法》对公路工程工法赋予了科学的定义，即“以公路工程为对象，施工工艺为核心，运用系统工程原理，把先进技术和科学管理结合起来，经过一定的工程实践形成的综合配套的工程建设与养护施工方法。”

2　工法的分类及内容

2.1　工法的分类

公路工程工法分为路基、路面、桥涵、隧道、交通工程和养护六大类，按级别分为企业级工法、省部级工法和国家级工法，各级判定标准是核心技术的先进程度和创造的社会、经济效益。凡申报省部级、国家级工法需将核心技术报相关部门进行鉴定，技术水平从低到高依次为行业先进、行业领先、国内先进、国内领先、国际先进和国际领先。

2.2　工法的内容

《公路工程工法管理办法》指出，工法的编写内容为：前言、工法特点、适用范围、工艺原理、工艺流程及操作要点、材料与设备、质量控制、安全措施、环保措施、资源节约、效益分析和应用实例，共计12项。

工法编写的内容应层次分明，语言规范，用词准确，言简意赅，数据可靠，图表清晰，要能够对项目的施工管理起到指导作用。

3　工法的选题

因为工法反映施工企业技术的先进性，所以工法选题不该选取目前广泛应用的技术，而且工法的选题要有时效性，不能与企业已有工法重复。

工法的选题可分为以下几点：

(1)总结工程中有实用价值、有规律性的工艺技术；

(2)在原有工法基础上发展起来的新技术，即对原有技术的突破与创新；

(3)通过对“新材料、新设备、新工艺、新技术”实际应用形成的工艺方法。

题目宜在“点”,不宜在“面”,选题太大写作时抓不住重点,工艺操作复杂,没有可操作性,所以工艺新颖的大型工程项目,可根据分部分项工程的划分来分块编写工法。

4 工法的编写

4.1 标题

工法的标题不宜过长,主题鲜明与内容贴切,要直观反映出工法的特色、对象、条件,必要时冠以限制词。

4.2 前言

前言要精练,不宜冗长,主要写工法的形成原因、形成过程和取得的效果,还应包含工法的研究单位、应用实例、关键技术的成熟性与可靠性、鉴定时间、主持鉴定单位、获奖情况等内容。

4.3 工法特点

叙述工法在使用功能或施工方法上的特点,与传统的施工方法相比在工期、质量、安全、效益等方面的先进性和新颖性。

4.4 适用范围

叙述采用本工法的工程对象或工程部位,较为特殊的工法还应对工期、质量、设计、造价、环境等因素进行限定,或者规定最佳的技术条件和经济条件。工法是一个综合配套的系统工程,所以单单说明使用范围是不全面的,缺少限定条件的工法对于其他工程应用效果会有较大偏差,注意本节内容不能写成实际应用的工程对象或工程部位。

4.5 工艺原理

应论述工艺核心技术应用的基本原理,并着重叙述关键技术的理论基础。技术创新必须以先进的理论为指导,此节也是对工艺关键技术和操作流程的精炼提取,编写时可图文并茂,注意避免写成材料物理(化学)原理的介绍而造成偏题,凡是涉及技术秘密的内容编写时可予以回避,对工法中包含的技术专利,编写时可标明专利编号。

4.6 工艺流程及操作要点

工艺流程应按照工艺发生的先后顺序或者事物发展的客观规律进行编制,可使用流程图来描述,对于构件、材料或机具因使用上的差异而引起的流程变化,应当予以说明。

操作要点是对流程图中内容的详细描述,重点讲清基本工艺过程、工序间的衔接、相互间的关系和关键点。在操作要点的文字表述中,每一个步骤都要与操作流程的内容保持一致,避免两者出现差异,需要附图、计算公式、列表的地方应详细编写。

4.7 材料与设备

以表格形式列明所使用的主要材料名称、规格、主要技术指标;主要施工机具、仪器、仪表设备的名称、型号、性能、能耗及数量。对于已有质量及验收指标的材料,应该列出标准的编号、名称及主要技术指标。对新型材料、新设备还应提供相应的检验检测方法。

此节应重点介绍突出工法特点的材料与设备,通过介绍新材料、新设备的特性,来体现工法的先进性与科学性,编写时注意筛选,避免过大篇幅的罗列。

4.8 质量控制

叙述工法必须遵照执行的国家、地方(行业)标准、规范名称和检验方法,并指出工法在现行标准、规范中未规定的质量要求，要列出关键部位、关键工序的质量要求，以及达到工程质量目标所采取的技术措施和管理方法，注意结合工艺自身特点来进行编写。

4.9 安全措施

叙述工法实施过程中，根据国家、地方（行业）有关安全的法规，所采取的安全措施和安全预警事项，在安全措施中应注意"季节施工安全措施"内容的编写。

4.10 环保措施

指出工法实施过程中，遵照执行的国家和地方（行业）有关环境保护法规中所要求的环保指标，以及必要的环保监测、环保措施和文明施工中应注意的事项。编写时要注意环保措施不要写成文明施工措施。

4.11 资源节约

工法形成过程中，贯彻国家节能工程的有关要求，研发推广能源替代和材料再生等新技术，而且资源节约中要说明"节能、节水、节池、节材"的具体措施，并用插入具体的数据进行表达。

4.12 效益分析

叙述工程实际效果（消耗的物料、工时、机械台班和造价等）以及文明施工中，综合分析应用本工法所产生的经济、环保、节能和社会效益（可与国内外类似施工方法的主要技术指标进行分析对比）。效益分析要定量与定性相结合，经济效益以定量为主，环保、节能和社会效益以定性为主，进行综合客观的分析。

效益分析必须要有计算和说明，各类证明仅靠一句"效果良好"，这种"只定性，不定量"的评价，是不可信的，需要有理论分析（可选用直接成本法、性价比法和动态现值法）、详细的计算、量化指标和具有法律效应的表现形式（如财务报表、审计报告、完税证明），做到通俗易懂、条理清晰、数据准确、对比合理。

4.13 应用实例

叙述应用工法的工程项目名称、地点、结构形式、开竣工日期、工程量、应用效果及存在的问题，并证明该工法的先进性和实用性。此节应重点编写工法在工程建设中的实用效果和可操作性、可持续性。工程应用实例的图片不宜过多，内容要符合安全生产、文明施工、规程规范的要求，图片可按工序进行分类来反应操作过程，给人以最直观的理解。

5 注意事项

(1)工法定义中的"综合配套"是指工法应包括技术、管理、人力、设备配置及效益。

(2)工艺原理编写得精炼、准确，对提升工法的整体效果有极大的帮助。工法的核心技术离不开"四新"的支持，但"四新"的应用却不等同于工法，也代表不了工法的水平，需要对"四新"引进、消化、吸收，将其融为一体，成为一个系统。

(3)质量控制、安全措施、环保措施切忌使用泛泛的说辞和套用成熟的规范规程，过于缺乏针对性，只有定性指标，没有定量指标，可操作性差。

(4)文字简练、准确、无赘述、无重复，数据真实、准确，不含糊，不作假。

(5)引用规范或规程的时候，要列出规范或规程的全称和编号，不要简略。

(6)严格掌握规定的程度：表示严格、非这样做不可时采用"必须"或"严禁"。表示严格在正常情况下均这样做时采用“应”或“不应”。表示容许稍有选择，在条件许可时，首先应这样做时，采用“宜”或“不宜”。

（7）文本采用科技词汇及标准术语，切忌使用不规范的词汇，避免口语化，杜绝模棱两可或多重理解。

（8）采用法定计量单位，统一用符号表示，如 m、m^2、m^3、kg、d、h 等。采用行业通用术语，如使用专用术语应加注解。

（9）因核心技术相似程度高的工法不予以收录，所以应关注已公布的各级工法、避免低水平的重复。公路工程工法的有效期为 5 年（局级工法为 4 年），过期后可对原编工法进行修订，以保持工法的先进性和实用性，必要时可重新申报。

（10）排版格式应按照评审单位要求执行，否则将影响收录。

6　结语

工法的编制工作能够促进企业科技创新，是企业施工技术水平和施工能力的重要标志。工法是一个综合配套的系统工程，是对施工规律性的剖析和总结，是工程先进技术与科学管理相结合的升华与凝练。工法编写不同于经验性的技术论文和技术总结，它的内容更加广泛，与施工生产衔接更加紧密，对生产和经营的指导和应用性更强，一篇合格的工法是在全面了解工法的含义、性质、内容的基础上编制完成的，是工程技术和工程管理的结晶。

参考文献

[1] 中国公路建设行业协会.公路工程工法管理办法[Z].2014.
[2] 王芳.论工法及企业开发工法的重要作用[J].山西水利科技，2013，11:90-94.
[3] 魏虹.如何编写公路工法[J].管理科学，2012，1:76-77.
[4] 高玉芝.公路工程工法编写过程中的几点总结[J].公路与管理，2014，13:336-373.
[5] 孙振声.工法的编写与应用[J].施工技术，2011，4:1-4.